Nouvel atlas de poche des champignons Comestibles et Vénéneux les plus répandus.

Série II

Paul Dumée

Alpha Editions

This edition published in 2022

ISBN : 9789357096300

Design and Setting By
Alpha Editions
www.alphaedis.com
Email - info@alphaedis.com

PRÉFACE

L'accueil bienveillant qui a été fait par les mycologues à notre nouvel **Atlas de Champignons** *nous engage à présenter aujourd'hui un second volume conçu sur le même plan, et auquel nous travaillons depuis très longtemps.*

Nous avons la conviction qu'il ne sera en rien inférieur à son aîné.

En prévision de cet ouvrage, nous avons, au cours des trois dernières années, recueilli et fait peindre par notre très habile dessinateur, M. Bessin, les 77 champignons que nous représentons.

Un tel travail, lorsque l'on veut procéder comme nous l'avons fait, c'est-à-dire ne prendre pour modèles que des champignons vivants, exige toujours beaucoup de temps; on ne trouve pas tous les jours les spécimens dont on a besoin, et il faut souvent faire de nombreux déplacements pour se procurer certaines espèces.

Aujourd'hui, notre travail est terminé, nous avons pu nous procurer toutes les espèces que nous voulions décrire, et M. Bessin a mis tout son talent à les représenter exactement.

Le texte descriptif de chaque espèce est, comme dans le premier volume, en regard de la planche représentant le champignon, il est alors facile de s'assurer au fur et à mesure de la lecture, des caractères particuliers qui permettent de déterminer l'espèce.

Dans la deuxième partie du texte, nous avons à dessein donné des notions mycologiques plus approfondies que celles faisant partie du premier volume.

Nous avons dressé spécialement pour nos lecteurs des tableaux de détermination qui, quelque imparfaits qu'ils puissent être, intéresseront, nous l'espérons, les mycologues.

Nous supposons avec raison que les possesseurs de notre **Atlas** *se sont déjà familiarisés avec les éléments de la mycologie, et que plusieurs d'entre eux possèdent un microscope.*

Pour ces derniers, nous donnons un article traitant de cette question, ainsi que du dessin à la chambre claire.

Enfin, aujourd'hui que tout le monde est plus ou moins photographe, nous ne pouvions mieux faire que d'inviter les mycologues à fixer sur leurs plaques les champignons qui les intéressent, et ensuite à colorier à l'aquarelle les épreuves obtenues. Mais cela demande quelques tours de mains, que nous sommes heureux de pouvoir indiquer au cours de notre ouvrage.

Plusieurs figures sont intercalées dans le texte pour en faciliter la compréhension.

Il n'est pas jusqu'à l'Esperanto, *cette langue annexe si simple et si utile, qui ne soit appelée à rendre aux mycologues des services signalés, en leur permettant de correspondre avec leurs confrères des pays les plus différents par la langue.*

Aussi avons-nous voulu contribuer pour notre faible part à la diffusion de cette langue vraiment géniale, en donnant ici:

Premièrement, la traduction en esperanto d'un texte mycologique français, intitulé la Chanterelle comestible, et deuxièmement, quelques notions d'esperanto.

Paris, septembre 1911.

L'AUTEUR ET L'ÉDITEUR.

PARTIE I
Description des espèces.

Amanite épaisse.—Amanita spissa.

Spores blanches.

Cette Amanite n'est pas sans avoir quelque ressemblance avec l'Amanite panthère, dont nous avons parlé à la page 5 du premier volume de notre Atlas: elle a à peu près la même taille et la même couleur, mais le chapeau de l'Amanite épaisse n'est pas strié sur les bords, tandis qu'il l'est dans l'Amanite panthère. De plus, le pied est plus ou moins marginé à la base dans la première et lisse au-dessus du collier, alors que dans l'Amanite épaisse, il ne porte que des écailles à la base et des stries au-dessus du collier.

L'Amanite épaisse a le chapeau d'abord convexe puis plan, brun ou brun gris, lisse sur les bords et tout parsemé de verrues blanchâtres ou grisâtres, parfois même de véritables plaques un peu farineuses; diamètre: 6 à 8 centimètres.

Feuillets blancs, nombreux, minces, atténués à la base, arrondis vers le bord, et légèrement décurrents par une dent.

Pied blanc, plein, long de 5 à 8 centimètres, strié au-dessus du collier et couvert au-dessous de petites squamules grisâtres. Il s'épaissit à la base et est couvert d'écailles disposées circulairement; il se termine enfin par une sorte de racine.

Chair blanche, molle, à odeur de radis.

Cette espèce d'Amanite, qui n'est pas très commune, est regardée comme comestible, mais il faut éviter de la confondre avec l'Amanite panthère, qui est vénéneuse. Elle pousse en été-automne, dans les bois.

—Planche 1—

Dans les bois—Été, automne

Amanite épaisse

Amanita spissa

Comestible

Amanite ovoïde.—Amanita ovoidea.

Noms vulgaires: *Boulé*, *Oronge blanche*, *Coucoumelle blanche.*

Spores blanches.

Cette belle Amanite, la plus grosse de toutes, se trouve à peu près dans toute la France, aussi bien dans le Nord (quoique plus rarement) que dans le Midi, à l'Est qu'à l'Ouest.

Elle est dans son jeune âge complètement enveloppée par la volve, comme l'Amanite des Césars, mais cette volve est beaucoup plus friable. Lorsque le chapeau émerge, il est tout à fait sphérique, recouvert d'un épiderme blanc un peu satiné, mince et s'enlevant assez facilement: peu à peu la convexité diminue et le chapeau peut devenir presque plat: à son complet développement, il mesure de 10 à 15 centimètres; il est alors charnu au centre, mince sur les bords qui sont souvent appendiculés.

Les feuillets sont d'un blanc quelque peu grisâtre, assez nombreux, larges à la marge et libres près du pied, épais et comme frangés sur les bords et peu consistants.

Le pied est blanc, gros, cylindrique, long de 8 à 12 centimètres et un peu renflé à la base, et couvert à sa surface de nombreuses granulations floconneuses faciles à enlever. A sa partie supérieure se trouve un collier très large et si peu consistant qu'il disparaît de très bonne heure. Il porte à sa base une ample volve blanche souvent colorée en jaune par la terre qui la recouvre.

L'Amanite ovoïde pousse en juin et septembre dans les endroits bien exposés au voisinage des chênes et des sapins. Elle est comestible, mais moins fine que l'Oronge. Il faut éviter de la confondre avec l'Amanite printanière et les variétés blanches des Amanites phalloïde et citrine.

—Planche 2—

Bois, landes ensoleillées—Été, automne

Amanite ovoïde (Oronge blanche)

Amanite ovoidea

Comestible

Lépiote en crête.—Lepiota cristata.

Spores blanches.

Cette Lépiote se distingue bien de ses congénères par son odeur forte, plutôt désagréable.

C'est un champignon de taille moyenne, qui a le chapeau assez foncé lorsqu'il est jeune, mais, par suite de sa croissance, l'épiderme se rompt pour former des écailles roussâtres ou brunes assez régulièrement disposées.

Le chapeau est d'abord arrondi, nettement mamelonné, puis il s'aplatit tout en gardant le centre obtus, et de couleur brun rouge, alors que le reste du chapeau est blanc sale et couvert de nombreuses écailles brunes. Son diamètre est de 3 à 5 centimètres.

Les feuillets sont blancs, d'abord serrés puis un peu écartés, larges surtout vers la marge du chapeau; ils laissent autour du pied un espace très appréciable.

Le pied est cylindrique, égal ou un peu renflé à la base, fragile, creux à l'intérieur, blanc ou un peu roussâtre, muni à sa partie supérieure d'un collier blanc assez grand mais fugace.

Chair blanche, mince, ayant une odeur assez désagréable, que l'on a comparée à celle du raifort, et une saveur nauséeuse. C'est à cela que probablement l'on doit de déclarer que ce champignon est suspect.

On trouve la Lépiote en crête, en été, dans les champs, les bois, etc.

—Planche 3—

Prés, bois, clairières—Du printemps à l'automne

Lépiote en crête—Lepiota cristata

Suspect

Armillaire jaune verdâtre.—Armillaria luteo-virens.

Spores blanches.

Ce beau et rare champignon a une couleur toute particulière jaune verdâtre qui permettra de ne pas l'oublier lorsqu'on l'aura vu une fois.

Son chapeau est convexe, mamelonné, puis régulièrement arrondi, large de 5 à 8 centimètres, jaune, jaunâtre ou jaune verdâtre, couvert de mèches nombreuses qui saillissent sur le bord du chapeau.

Feuillets blancs ou blanchâtres, présentant parfois une légère teinte jaune, assez nombreux, devenant libres et atténués vers la marge du chapeau.

Pied robuste, cylindrique, droit, plein, égalant environ le diamètre du chapeau blanc ou jaunâtre, mais toujours beaucoup plus clair que le chapeau, un peu aminci vers le haut et couvert sur les 2/3 de sa hauteur de fibrilles écailleuses formant collier.

Chair blanche ou blanchâtre, épaisse, de saveur agréable et d'odeur nulle, comestible.

L'Armillaire jaune verdâtre se trouve dans les bois de conifères, surtout dans les montagnes.

—Planche 4—

Sous les conifères des montagnes—Automne

Armillaire jaune verdâtre—Armillaria luteo-virens

Comestible

Armillaire bulbeuse.—Armillaria bulbigera.

Spores blanches.

La forme caractéristique du pied de ce champignon ne permet pas de se tromper, car il n'y a pas, parmi les Agarics à spores blanches, de champignon ayant au pied un pareil renflement.

Son chapeau est charnu, convexe, puis plat tardivement, jaune fauve ou un peu rougeâtre, plus foncé sur le disque, nu, glabre, humide, luisant, et parfois garni sur les bords des débris du collier; son diamètre est de 5 à 7 centimètres.

Feuillets blancs ou carnés, nombreux, un peu décurrents.

Pied plein rarement creux, blanchâtre ou de couleur plus claire que le chapeau, cylindrique mais terminé à sa base par un large bulbe, comme on en voit chez certains cortinaires, couverts de filaments formant cortine et long de 4 à 6 centimètres.

Chair blanche, agréable, comestible.

Ce champignon pousse en colonies sous les arbres verts pendant l'été et l'automne: mais, à première vue, on peut très bien le prendre pour un *Hebeloma crustuluniformis*, Hébélôme échaudé, il en a un peu la couleur et la forme, mais il suffira de regarder son pied pour être fixé. Au reste, l'Hébélôme échaudé a les spores ochracées et sa chair sent la rave.

—Planche 5—

Bois d'arbres verts	**Sur les chênes, hêtres, etc.**
Été, automne	Automne

Armillaire bulbeuse — Armillaria bulbigera

Pleurote des écorces — Pleurotus corticatus

Comestibles

Tricholôme sinistre.—Tricholoma sævum.

Spores blanches.

Nous avons, dans le premier volume, décrit et figuré un champignon appelé Tricholome nu, *Tricholoma nudum*, connu sous le nom de pied bleu. Aujourd'hui, nous allons nous occuper d'un proche parent du pied bleu: il y a en effet plusieurs champignons du genre Tricholôme qui sont voisins les uns des autres, et qui revêtent plus ou moins cette teinte violacée ou bleue.

Le *Tricholoma sævum* est un champignon trapu plus massif que le pied bleu; son chapeau est charnu, compact, régulièrement bombé, avec les bords recourbés en dessous. Il mesure de 6 à 8 centimètres et est recouvert d'un épiderme lisse, difficile à enlever, de couleur violacée passant aisément au fauve pâle. Il est doux au toucher, humide, et recouvre une chair épaisse, fine, blanche ou régulièrement violacée.

Les feuillets sont nombreux, assez étroits, arrondis et libres à la base, aigus vers la marge, blanchâtres ou fauvâtres.

Le pied est long de 6 à 7 centimètres, épais, cylindrique, plein, puis creux tardivement, et légèrement teinté de violet ou de rose lilacé à l'extérieur. Il n'est pas en général recouvert à sa base de filaments cotonneux lilacés comme le pied bleu.

On trouve le *Tricholoma sævum* principalement à l'automne, dans les prés, les pâturages humides, où il forme des groupes.

Quélet décrit, sous le nom de Tricholôme améthyste, un champignon qui paraît très voisin de celui-ci.

Malgré son nom de sinistre, ce champignon est un excellent comestible auquel on ne pourrait que reprocher de ne pas être assez répandu.

—Planche 6—

Prés, Pâturages—Été, automne

Tricholôme sinistre—Tricholoma sævum

Comestible

Tricholôme gonflé.—Tricholoma tumidum.

Spores blanches.

Le Tricholôme gonflé est un champignon d'assez grande dimension; son chapeau mesure 8 à 9 centimètres; il est charnu, d'abord arrondi puis convexe et plan, ondulé et difforme, avec les bords minces, irréguliers, fendillés, lobés; il est gris cendré ou gris brunâtre, un peu luisant et plus pâle à la circonférence.

Les feuillets sont assez nombreux, émarginés, épais, larges, blanchâtres ou un peu teintés de roussâtre.

Pied plein, gros, robuste, s'élargissant vers la base, blanc ou blanchâtre, un peu strié, long de 5 à 7 centimètres et plus; il se termine inférieurement par une sorte de prolongement radiqueux.

Chair blanche, assez ferme, d'odeur et de saveur agréables. Non indiqué comme comestible.

On trouve ce champignon en été-automne, dans les bois surtout résineux.

—Planche 7—

Bois résineux—Été, automne

Tricholôme gonflé—Tricholoma tumidum

Tricholôme couleur de vache.

Tricholoma vaccinum.

Spores blanches.

Si tous les champignons avaient un aspect aussi caractéristique que le Tricholôme écailleux, on serait beaucoup moins embarrassé qu'on ne l'est généralement dans une foule de cas.

Figurez-vous un champignon assez grand, brun ou roussâtre, dont le chapeau et même le pied sont revêtus, surtout le chapeau, d'une ample toison formée d'écailles fibrilleuses.

Lorsqu'il est à peu près développé, le *Tricholoma vaccinum* nous montre un chapeau de 5 à 8 centimètres, arrondi, puis étalé et mamelonné avec les bords plus ou moins recourbés.

Il est entièrement recouvert de fibrilles rousses plus ou moins appliquées ou relevées qui forment comme un revêtement laineux.

Les feuillets sont assez peu nombreux, larges, sinués à la base, blanchâtres et ayant la propriété de se maculer de roussâtre lorsque le champignon prend de l'âge.

Le pied est robuste, droit ou courbé, renflé à la base et terminé par une sorte de racine. Il est plein, puis creux, plus clair que le chapeau et plus ou moins fibrilleux; quelquefois même ces fibrilles forment comme un léger collier. Comestible quoique peu délicat. Ce champignon se plaît surtout dans les bois d'arbres verts à sous-sol humide.

Le Tricholôme imbriqué, *Tricholoma imbricatum*, est très voisin de notre champignon; il a le même aspect, vient dans les mêmes endroits, mais sa toison est beaucoup moins fournie: il est du reste également comestible.

—Planche 8—

Sous les conifères—Été, automne

Tricholôme couleur de vache—Tricholoma vaccinum

Comestible

Tricholôme couleur de soufre.

Tricholoma sulfureum.

Spores blanches.

Comme l'indique son nom, le Tricholôme couleur de soufre est tout jaune, ce caractère suffira à lui seul pour attirer l'attention sur ce champignon et le faire reconnaître, car il n'y a pas beaucoup de Tricholômes jaunes.

C'est un champignon assez élancé, ayant un chapeau jaune assez peu charnu, d'abord un peu conique, puis arrondi avec un léger mamelon au centre; assez tardivement il devient plat. L'épiderme est adhérent, un peu cotonneux, puis glabre; il recouvre une chair mince, jaune, présentant une odeur particulière assez prononcée qui n'est pas sans analogie avec celle de l'iode.

Les feuillets sont peu nombreux, épais, jaune de soufre, comme tout le champignon, sinués à la base et décurrents par une petite dent.

Le pied est beaucoup plus long que le diamètre du chapeau, puisqu'il mesure de 6 à 8 centimètres, quelquefois plus: il est ferme, cylindrique, parfois un peu irrégulier et aminci vers la base, glabre à l'extérieur, fibreux et jaune intérieurement.

On trouve ce champignon dans les bois un peu frais depuis le commencement de l'été jusqu'à l'automne. On le considère comme vénéneux, sans que l'on puisse lui reprocher un méfait quelconque, mais son odeur et sa saveur le rendent impropre à l'alimentation et cela suffit pour le proscrire.

—Planche 9—

Bois mêlés—Été, automne

Tricholoma couleur de soufre—Tricholoma sulfureum

Non comestible

Tricholôme acerbe.—Tricholoma acerbum.

Spores blanches.

Le Tricholôme acerbe est un champignon assez volumineux qui n'est pas rare dans les grands bois à l'arrière-saison. Son chapeau, d'abord arrondi, devient ensuite convexe, puis étalé avec les bords fortement repliés en dessous et fortement sillonnés; ce n'est que très tardivement qu'ils se relèvent. Il mesure 8 à 10 centimètres de diamètre et est blanc jaunâtre ou fauve.

Les feuillets sont nombreux, minces, arrondis à la base, étroits vers la marge du chapeau; ils sont jaunâtres ou pâles, et quand on les froisse, ils prennent une légère teinte rougeâtre.

Le pied est épais, cylindrique, ferme, un peu renflé à la base, blanc jaunâtre et parsemé de petites écailles au sommet; il est long de 5 à 6 centimètres.

Chair blanche, ferme, épaisse, mais de saveur un peu âpre, d'où le nom qui lui a été donné.

On trouve ce champignon en été-automne, dans les bois, surtout en bordure, où il pousse isolé ou en colonies. Bien que de saveur peu agréable, on donne ce champignon comme comestible.

—Planche 10—

Bois mêlés, taillis, futaies—Été, automne

Tricholôme acerbe—Tricholoma acerbum

Comestible

Tricholôme blanc.—Tricholoma album.

Spores blanches.

Les champignons tout blancs sont assez fréquents; il faut donc, lorsqu'on se trouve en présence d'un champignon de cette sorte, faire bien attention à ses caractères particuliers, puisque la couleur ne peut en rien nous aider.

Le Tricholôme blanc est un champignon de grandeur moyenne dont le chapeau, une fois développé, mesure de 5 à 7 centimètres de diamètre. Il est d'abord arrondi, assez régulier, puis il devient plan, et même un peu déprimé: il est lisse, glabre, blanc, mais dans la vieillesse le centre devient un peu jaunâtre.

Les feuillets sont blancs, assez nombreux, larges, arrondis à la base et adhérents au pied par une dent.

Le pied est souvent plus long que le diamètre du chapeau et mesure, en moyenne, de 6 à 8 centimètres; il est plein, ferme, fibreux, élastique, droit ou un peu courbé et même flexueux.

Chair blanche, ferme, d'odeur peu accentuée mais de saveur amère.

On le trouve communément à l'automne dans les bois où il forme des colonies nombreuses.

Ce champignon qui, au premier abord, est d'un aspect engageant, est considéré comme comestible par les uns, et comme suspect par d'autres; mais en raison de son amertume, il n'est pas à recommander.

—Planche 11—

Dans les bois—Été, automne

Tricholôme blanc—Tricholoma album

Non comestible

Tricholôme argouane.—Tricholoma panœolum.

Nom vulgaire: *Argouane des prairies.*

Spores blanches.

Cet excellent champignon est tout d'abord arrondi, régulier, puis à peu près plan avec les bords un peu recourbés en dessous, ensuite il se déprime et nous montre des bords minces capricieusement ondulés et relevés. Sa couleur est grise ou cendrée avec un certain reflet rougeâtre, le tout parfois couvert d'une sorte de pruine: il mesure de 4 à 6 centimètres.

Les feuillets sont nombreux, d'abord émarginés puis comme décurrents par suite du relèvement des bords du chapeau; d'abord blancs ou blanchâtres, ils prennent ensuite une teinte analogue à celle du chapeau. Comme tous les tricholômes, ils se recouvrent de spores blanches.

Le pied est assez robuste, plein, fragile, strié et comme un peu velouté, grisâtre ou de la couleur du chapeau, mais plus clair.

Chair blanchâtre ou un peu grise, ayant une bonne odeur de farine mouillée.

On trouve quelquefois une variété de champignon, dont le chapeau est marqué de macules plus grandes.

L'Argouane constitue un comestible très apprécié et vendu sur les marchés dans l'Ouest de la France; on peut le récolter à l'automne dans les prairies, les bois clairsemés, où il forme des cercles plus ou moins étendus.

—Planche 12—

Prairies, clairières—Automne

Tricholôme argouane—Tricholoma panœolum

Comestible

Tricholôme rutilant.—Tricholoma rutilans.

Spores blanches.

Bien nommé, ce nous semble, ce champignon dont le chapeau est d'un rouge de feu ou rouge cinabre.

C'est toujours au pied des conifères malades, ou sur la souche de l'un d'eux restée en terre que l'on trouve ce beau champignon.

Son chapeau sensiblement rond ne tarde pas à s'épanouir et à devenir presque plat, tout en gardant à son centre une proéminence assez marquée. Longtemps il garde son aspect majestueux et régulier et ce n'est que très tard qu'il se déforme. Si l'on examine à la loupe la surface du chapeau du Tricholôme rutilant, on remarque que sa couleur est due surtout à un revêtement tomenteux formé de petites écailles purpurines, et que le tissu sous-jacent est jaune; son diamètre est de 5 à 10 centimètres.

Les feuillets sont nombreux, fermes, adhérents, d'un jaune doré et garnis sur l'arête de villosités floconneuses. Le pied est robuste, arrondi, renflé vers le milieu, plein et fibreux, jaune et couvert comme le chapeau de flocons rouges mais moins abondants, il est long de 6 à 8 centimètres.

La chair du chapeau et celle du pied est jaune, sans odeur ni saveur. Il pousse en automne dans les bois de conifères. On le regarde comme vénéneux?

—Planche 13—

Sur les souches d'arbres verts—Été, automne

Tricholôme rutilant—Tricholoma rutilans

Non comestible

Clitocybe retourné.—Clitocybe inversa.

Spores blanches.

Au premier coup d'œil on reconnaîtra sans peine dans ce champignon un Clitocybe, à ses feuillets fortement décurrents; il n'en est pas toujours ainsi, et bien souvent on hésite à placer un champignon dans ce genre ou un genre voisin.

Le Clitocybe retourné est peu charnu; son chapeau d'abord arrondi ne tarde pas à devenir plan, puis à prendre la forme d'un entonnoir, il mesure alors de 5 à 8 centimètres. Il est glabre, jaune fauve, ou couleur de tan pâle, très mince sur les bords qui finissent par devenir irréguliers.

Les feuillets sont nombreux, étroits, très décurrents et beaucoup plus pâles que le chapeau.

Le pied est plutôt court (4 centimètres environ), plein, puis creux, ferme, un peu plus pâle que le chapeau, blanchâtre à la base qui est souvent renflée et courbée.

La chair est blanche, mince, continue avec celle du pied, sans odeur marquée et un peu acidule.

On donne ce champignon comme suspect, mais nous pensons avec M. Bataille qu'il est, sinon un bon comestible, tout au moins inoffensif.

On trouve ce champignon, de l'été à l'automne, surtout dans les bois de conifères où il se montre souvent en touffes de plusieurs individus.

Une espèce voisine, le *Clitocybe flaccida*, paraît n'en différer que par la teinte; elle pousse dans les mêmes endroits et jouit des mêmes propriétés.

—Planche 14—

Surtout sous les arbres verts—Été, automne

Clitocybe retourné—Clitocybe inversa

Comestible?

Clitocybe géotrope.—Clitocybe geotropa.

Spores blanches.

Le Clitocybe géotrope est un champignon assez volumineux qui appelle l'attention de l'amateur aussi bien que du mycologue par sa couleur pâle et son aspect trapu.

Il montre d'abord un petit chapeau presque plat, avec le centre proéminent et les bords repliés, placé sur un pied relativement gros et bien droit.

Son chapeau s'élargit peu à peu, relève ses bords, tout en gardant au centre un fort mamelon; il mesure alors de 7 à 10 centimètres, avec un bord mince ondulé et une couleur blanc rougeâtre tirant sur le fauve.

Les feuillets sont nombreux, étroits, aigus aux deux extrémités, décurrents et blanchâtres.

Le pied est cylindrique ou un peu renflé vers la base, long de 8 à 10 centimètres sur une épaisseur d'environ 2 centimètres; il est plein, fibreux, blanchâtre ou fauvâtre, cotonneux à la base.

La chair du champignon est blanche ou pâle, assez épaisse au centre, ferme et sans odeur.

Le Clitocybe géotrope est comestible, on le récolte en été-automne dans les bois un peu frais, où il forme quelquefois des cercles de nombreux individus.

Deux espèces voisines, les Clitocybe géant (*Clitocybe gigantea*) et Clitocybe très grand (*Clitocybe maxima*) ont beaucoup d'analogie avec le Clitocybe géotrope, se trouvent dans les mêmes endroits et sont également comestibles.

—Planche 15—

Bois, pâturages, sapinières—Été, automne

Clitocybe géotrope—Clitocybe geotropa

Comestible

Clitocybe infundibuliforme.

Clitocybe infundibuliformis.

Spores blanches.

Bien plus grêle que le Clitocybe géotrope, dont nous venons de parler, le Clitocybe infundibuliforme en a un peu l'aspect, la forme et la couleur.

Il a le chapeau mince, peu charnu, plat d'abord puis profondément déprimé avec un léger mamelon au centre; il mesure de 4 à 8 centimètres et est de couleur jaune pâle, légèrement teintée de fauve, d'abord régulier puis sensiblement ondulé ou festonné sur les bords.

Les feuillets sont blancs, nombreux, étroits, terminés en pointe aux extrémités, décurrents sur le pied.

Le pied est cylindrique ou épaissi vers la base, bien plus grêle que dans Clitocybe géotrope, blanchâtre ou jaunâtre, et couvert près du sol d'un duvet blanchâtre; sa longueur peut varier de 4 à 6 centimètres.

Chair blanche, molle, peu épaisse, d'odeur agréable.

Ce champignon, qui est comestible, pousse à l'automne dans les bois frais, sur les feuilles auxquelles il adhère par son duvet blanchâtre. Il est solitaire ou groupé et souvent on trouve deux individus soudés ensemble.

Comme il est très peu charnu, on peut le dessécher facilement.

—Planche 16—

Bois mêlés—Eté, automne

Clitocybe en entonnoir—Clitocybe infundibuliformis

Comestible

Collybie (enracinée) radiqueuse.

Collybia radicata.

Spores blanches.

Le nom qui a été donné à ce champignon lui vient de la faculté qu'il a d'émettre dans le sol une très longue racine, que l'on ne remarque pas toujours lorsqu'on arrache brusquement le champignon, car la racine se casse, et l'on n'en voit qu'une faible partie.

Indépendamment de sa racine, le pied lui-même est beaucoup plus long que le diamètre du chapeau, puisqu'il mesure de 10 à 15 centimètres; il est raide, luisant, sillonné, aminci vers le haut et sensiblement renflé vers la base, blanc, blanchâtre ou grisâtre.

Les feuillets sont blancs, peu nombreux, assez larges et adhérents.

Le chapeau est peu charnu, mince, convexe, puis plan, portant à son centre un petit mamelon. Il mesure de 5 à 8 centimètres et est revêtu d'un épiderme assez épais, un peu ridé, glabre, visqueux surtout par les temps humides, brun gris plus ou moins foncé.

Chair très mince, sans odeur ni saveur.

Ce champignon pousse isolément ou en petit nombre en été-automne, au voisinage des vieux troncs, dans les bois un peu frais. Il importe pour l'avoir avec sa racine de le déterrer avec précaution, car le pied est assez fragile et se brise facilement.

Il est comestible, mais si peu charnu qu'on le délaisse souvent.

—Planche 17—

Sur les souches pourrissantes—Automne

Collybie radiqueuse

Collybia radicata

Comestible

Mycène pure.—Mycena pura.

Spores blanches.

Les Mycènes sont des champignons généralement grêles et fragiles, mais l'espèce dont nous allons parler est relativement grande, et facilement reconnaissable à sa couleur.

Son chapeau est régulier, campanulé, puis plan et légèrement mamelonné, très peu charnu, glabre, et un peu strié à la marge qui est parfois légèrement duveteuse. Il mesure de 2 à 5 centimètres de large et sa couleur varie beaucoup: le plus ordinairement il est plus ou moins rose, mais on le trouve aussi presque blanc ou plus ou moins teinté de violet.

Les feuillets sont peu nombreux, larges au centre, atténués aux extrémités, de la couleur du chapeau ou plus pâles.

Le pied est droit, fragile, plus long que le diamètre du chapeau, cylindrique, un peu renflé à la base, creux, glabre ou seulement fibrilleux vers le bas, blanchâtre.

Chair blanche, mince, à odeur de rave.

On trouve le *Mycena pura* dans les bois au milieu des feuilles mortes auxquelles il adhère par des fibrilles; il vient isolé ou en groupe. En raison de sa taille et de son odeur de radis on ne fait pas usage de ce champignon.

Mycène des fougères—Mycena epipterygia.

Spores blanches.

Chapeau membraneux, campanulé, de 2 à 4 centimètres, strié, grisâtre ou blanc jaunâtre.

Feuillets peu nombreux, décurrents par une dent, blanchâtres, serrulés sur la tranche.

Pied grêle, jaunâtre ou grisâtre, long de 8 à 10 centimètres, visqueux, fibrilleux et radicant à la base.

On le trouve communément, en été-automne, sur les feuilles, les troncs; non comestible en raison de son peu d'épaisseur.

—Planche 18—

Sur les troncs, feuilles, etc.	**Sur les feuilles mortes**
Automne	Été, automne

Mycène des fougères **Mycène pure**

Mycena epipterygia Mycena pura

Non comestibles

Chanterelle orangée.—Cantharellus aurantiacus.

Spores blanches.

La Chanterelle orangée est proche parente de la Chanterelle comestible que tout le monde connaît, mais elle est plus grêle et sa couleur plus foncée.

Le chapeau de ce champignon est assez peu charnu, d'abord arrondi, puis plan et bientôt déprimé, régulier ou irrégulier, mince et un peu enroulé sur les bords, un peu cotonneux ou tomenteux, jaune souci ou orangé fauve; son diamètre est de 2 à 6 centimètres.

Les feuillets sont nombreux, étroits, minces, un peu ramifiés, de la même couleur que le chapeau, ou un peu plus foncés et longuement décurrents sur le pied qui est cylindrique, plein, assez grêle, droit ou courbé, rougeâtre en haut, plus pâle dans le bas. Chair molle, jaunâtre, sans odeur ni saveur. On trouve une variété toute blanche, et une autre présentant un pied noir à la base.

La Chanterelle orangée est l'hôte habituel des bois résineux; elle pousse à l'automne.

C'est bien à tort que l'on a regardé cette espèce comme suspecte, elle est parfaitement comestible comme l'ont montré des expériences faites récemment.

—Planche 19—

Sous les Conifères—Été, automne

Chanterelle orangée—Cantharellus aurantiacus

Suspect pour les uns, comestible pour nous

Chanterelle en tube.—Cantharellus tubæformis.

Spores blanches.

A voir ses feuillets décurrents sur le pied et ramifiés, on se rend bien compte que l'on est en présence d'une espèce du genre *Cantharellus*; mais, comme teinte, cette espèce diffère complètement des Chanterelles orangée et comestible.

Très jeunes encore les Chanterelles en tube portent sur le chapeau un enfoncement caractéristique qui semble se continuer avec le pied de façon à simuler une sorte de cornet ou de trompe.

Le chapeau de convexe qu'il était devient plat et légèrement replié sur le bord. Il est membraneux, de couleur fauve, jaunâtre ou grisâtre, pelucheux ou couvert d'écailles plus foncées.

Les feuillets sont décurrents, peu nombreux, ramifiés, assez saillants et réunis entre eux par des rides ou veines, gris jaunâtres ou de couleur un peu fuligineuse.

Le pied est allongé, lisse, jaune cannelle, souvent sillonné ou comprimé, fistuleux, plus long que le diamètre du chapeau.

Ce champignon, que l'on trouve de l'été à l'automne dans les bois feuillus et résineux, est comestible.

Dans les mêmes endroits on peut rencontrer une espèce voisine qui offre les mêmes caractères de forme, de couleur et de taille: elle porte le nom de Chanterelle infundibuliforme, *Cantharellus infundibuliformis.* Certains mycologues pensent que cette espèce n'est pas différente de celle dont nous venons de parler.

—Planche 20—

Bois de conifères—Été, automne

Chanterelle en tube—Cantharellus tubæformis

Regardé comme suspect

Lactaire scrobiculé.—Lactarius scrobiculatus.

Spores blanches.

Le *Lactarius scrobiculatus* tire son nom de la présence sur le pied de petites dépressions ou fossettes, auxquelles on a donné le nom de scrobicules. Ce caractère, qui est peu fréquent, servira utilement à faire reconnaître ce champignon.

Son chapeau d'abord arrondi, devient ensuite plan, puis nettement déprimé, recourbé à la marge qui est un peu laineuse dans le jeune âge. Il est jaune pâle ou jaune ochracé, plus ou moins foncé, marqué parfois de quelques zones et large de 8 à 10 centimètres.

Les feuillets sont nombreux, assez étroits, presque décurrents, blanchâtres ou pâles.

Pied court, épais d'abord, plein, puis creux, terminé en pointe à sa base, de la couleur du chapeau, mais plus pâle et couvert de nombreuses dépressions ovales, plus foncées, qui, à elles seules, peuvent servir à caractériser l'espèce.

La chair du scrobiculé est âcre, d'abord blanche, et elle laisse écouler, comme toutes les espèces du genre, un lait d'abord blanc, âcre, qui ne tarde pas, au contact de l'air, à devenir jaune de soufre.

On trouve le Lactaire scrobiculé en été et à l'automne, dans les bois; il n'est pas comestible.

—Planche 21—

Dans les bois—Eté, automne

Lactaire scrobiculé—Lactarius scrobiculatus

Non comestible

Hygrophore conique.—Hygrophorus conicus.

Spores blanches.

L'Hygrophore conique est une petite espèce que l'on trouve souvent sur l'herbe des chemins, dans les prairies et les clairières.

Son chapeau qui est de couleur orangée, rougeâtre ou rouge minium, est d'abord conique, d'où le nom qui lui a été donné; il devient ensuite presque plat, avec le centre proéminent; puis les bords se relèvent plus ou moins, se fendillent, de même que l'épiderme du chapeau, et laisse voir une chair mince, fragile, blanchâtre ou un peu jaunâtre. Par les temps humides le chapeau est légèrement visqueux.

Les feuillets sont peu nombreux, épais, larges vers la marge, étroits et presque libres vers la base, de couleur jaune, devenant verdâtres ou noirâtres quand on les froisse, comme du reste toutes les autres parties du champignon.

Le pied est plus long que le diamètre du chapeau, et mesure 4 à 6 centimètres de hauteur. Il est rouge, jaunâtre dans le bas, cylindrique, arrondi à la base et très fragile.

Pousse pendant une partie de l'année dans l'herbe des prairies et sur les chemins verts.

On n'est pas fixé sur ses qualités alimentaires, mais cependant on ne le consomme pas, cela tient peut-être à ce que, aussitôt cueilli, il prend un aspect noirâtre, peu engageant.

—Planche 22—

Chemins herbeux—Été, automne

Hygrophore conique—Hygrophorus conicus

Non comestible

Hygrophore blanc d'ivoire.—Hygrophorus eburneus.

Spores blanches.

L'Hygrophore blanc d'ivoire est un champignon de taille moyenne, tout blanc: son chapeau est assez charnu, arrondi, mamelonné, puis plan et même un peu déprimé; large de 3 à 5 centimètres, visqueux au sommet, glabre sur le disque, un peu velu sur les bords qui sont repliés.

Feuillets décurrents peu nombreux, épais, entiers, blancs, réunis par des veines à la base.

Pied plein, ferme, droit ou un peu courbé, atténué à la base, long de 5 à 6 centimètres; il est blanc, glabre, plein, puis creux, couvert au sommet de granulations visqueuses.

Chair blanche, ferme, de saveur agréable et d'odeur nulle.

Ce champignon, qui est comestible, n'est pas rare dans les bois, de l'été à l'automne.

Une espèce très voisine mais un peu plus rare est l'*Hygrophorus cossus*, également blanc dans toutes ses parties, mais il s'en distingue à son odeur particulière, qui rappelle celle de la larve du papillon appelé *Cossus*. Cette dernière espèce est regardée comme suspecte.

—Planche 23—

Dans les bois frais—Été, automne

Hygrophore blanc d'ivoire

Hygrophorus eburneus

Comestible

Russule jaunâtre.—Russula ochroleuca.

Spores blanches

Il y a dans toutes les Russules un faciès particulier qui permet de reconnaître le genre au premier coup d'œil; la Russule jaunâtre, comme ses congénères, a un aspect raide et des feuillets absolument droits qui ne permettent pas de s'y tromper.

Il est plus difficile de différencier les espèces.

Ici, nous sommes en présence d'une espèce dont le chapeau est jaune pâle ou un peu roussâtre surtout au centre. Il est d'abord arrondi puis plan ou un peu déprimé au milieu, humide ou même visqueux en temps de pluie, lisse ou légèrement strié sur les bords; diamètre: 4 à 8 centimètres.

Feuillets blancs assez nombreux, simples, larges, arrondis à la base et droits.

Pied ferme, cylindrique, long de 5 à 6 centimètres, blanc et couvert de stries grisâtres, spongieux à l'intérieur.

Chair blanche, ferme et cassante, de saveur âcre, mais d'odeur non désagréable.

On considère cette Russule comme suspecte, probablement en raison de sa saveur âcre.

La Russule jaunâtre se trouve de la fin de l'été à l'automne dans les bois un peu humides.

—Planche 24—

Dans les bois frais—Été

Russule jaunâtre

Russula ochroleuca

Non comestible

Russule sevrée.—Russula delica.

Spores blanches.

Il ne faudrait pas croire que le nom de *delica* donné à ce champignon implique l'idée d'un champignon excellent à consommer; le mot *delica* doit vouloir dire sevré; au reste, cette espèce bien qu'elle soit comestible est loin d'être délicate. C'est elle que dans certaines localités on consomme en assez grande quantité sous le nom de Prevet.

Le chapeau de la Russule sevrée est d'abord convexe puis plan et enfin déprimé avec les bords un peu repliés. Il est blanc comme tout le champignon, mais souvent sali par la terre qu'il soulève; il mesure de 6 à 8 centimètres, avec un épiderme adhérent, glabre ou un peu pruineux.

Les feuillets sont peu nombreux, épais, amincis aux deux extrémités, décurrents, blancs, avec une légère teinte verte qui se remarque surtout à l'insertion des feuillets sur le pied.

Le pied est blanc, plein, plus court que le diamètre du chapeau, puisqu'il mesure seulement 3 à 4 centimètres sur une épaisseur de 2 centimètres environ.

La chair est blanche, épaisse, très ferme, d'odeur un peu vireuse et de saveur douce, puis un peu âcre.

La Russule sevrée est comestible et elle se rencontre dans les bois en été et automne.

Ce champignon ressemble beaucoup à certaines Lactaires blanches, mais il n'a pas de lait.

—Planche 25—

Dans les bois—Été, automne

Russule sevrée—Russula delica

Comestible

Russule rouge.—Russula rubra.

Spores blanches.

Les Russules ne sont pas faciles à distinguer les unes des autres, surtout les rouges qui sont assez nombreuses. La Russule rouge, *Russula rubra*, de Fries, est une espèce que quelques mycologues voudraient rayer de la nomenclature, sous le prétexte que l'on ne sait pas au juste à quel champignon de ce genre il faut appliquer ce qualificatif.

Voici ce qu'en dit Fries: «Ce champignon a une saveur âcre, le chapeau convexe, plan ou déprimé, et poli lisse; marge obtuse, droite, non striée. Les feuillets adnés, blancs, devenant un peu jaunâtres et souvent rouges sur la tranche; ils sont assez nombreux, dimidiés ou fourchus.»

D'après le même, la couleur du chapeau serait rouge minium, un peu brillant, mais susceptible de pâlir ou de se modifier.

On trouve la Russule rouge dans les bois feuillus plutôt que sous les conifères.

Le pied est robuste, ferme, blanc ou teinté de rose.

Parmi les espèces ayant une couleur rouge, nous dirons que *Russula sanguinea* est d'un rouge moins foncé, blanchâtre à la marge, «tout à fait différent de *Russula rubra* par sa chair ferme, par ses feuillets adnés, décurrents, étroits, acuminés, comme dit Fries».

Russula Linnæi a la chair douce.

Russula Queletii vient sous les conifères.

—Planche 26—

Bois feuillus—Surtout l'été

Russule rouge—Russula rubra

Non comestible

Russule noircissante.—Russula nigricans.

Spores blanches.

La Russule noircissante est le type d'un petit groupe de Russules qui ont pour caractère principal de prendre, en vieillissant, une couleur noire plus ou moins foncée. Leur chair aussi devient, à la cassure, d'une couleur rougeâtre sale que l'on ne constate pas dans les autres espèces du genre.

Le chapeau de cette Russule est ferme, presque dur, arrondi, puis plan et déprimé, d'abord régulier puis sinueux, glabre et non strié, avec les bords infléchis. Il commence par être blanc ou blanc sale, puis, peu à peu, il prend une teinte marron fuligineuse, plus ou moins accentuée pour devenir presque noir; son diamètre est en moyenne de 8 à 10 centimètres.

Les feuillets, qui prennent un peu la couleur du chapeau, sont peu nombreux, épais, assez larges au milieu, rétrécis aux extrémités, et quand on les froisse, surtout dans le jeune âge, ils prennent une teinte rouge lie de vin.

Pied à peu près cylindrique, épais, ferme, long de 4 à 6 centimètres, d'abord blanc, puis de la couleur du chapeau, plein, puis creux, mais rigide malgré tout.

Chair ferme, dure, granuleuse, normalement blanche, mais prenant à l'air une teinte rougeâtre, puis devenant noire à la fin; saveur légèrement âcre.

La Russule noircissante n'est pas comestible, on la trouve fréquemment pendant la belle saison dans presque tous les bois.

—Planche 27—

Commune dans les bois—Été, automne

Russule noircissante

Russula nigricans

Non comestible

Schizophylle commun.—Schizophyllum commune.

Spores blanches.

Joli champignon blanc cotonneux, en forme de coquille renversée, commensal attitré des bois morts, encore revêtus de leur écorce.

Le mot schizophylle signifie que les feuillets sont fendus.

C'est le plus souvent un assemblage de chapeaux adhérents au support par un léger pédoncule, qui manque quelquefois: il est légèrement bombé ou plan orbiculaire, recourbé sur les bords qui sont sinués, lobés ou incisés. Sa surface est blanchâtre, cotonneuse ou laineuse, puis grisâtre et parfois rougeâtre. Son diamètre est de 2 à 4 centimètres, mais il paraît souvent davantage, parce que plusieurs se soudent ensemble. Sous le chapeau, se trouvent des feuillets rameux disposés en éventail, qui offrent cette particularité qu'ils sont creusés en sillon, formant comme une sorte de gouttière.

Ce champignon est membraneux, coriace, sans aucune apparence de chair; il persiste toute l'année sur les troncs morts.

Panus styptique.—Panus stypticus.

Les Panus sont des champignons à spores blanches qui vivent sur les arbres: ils ont un pied latéral ou excentrique, et comme ils sont coriaces, on peut les conserver facilement.

Le *Panus stypticus* nous montre un chapeau arrondi en forme de rein, régulier ou lobé, et à bords légèrement recourbés en dessous. Il est jaune fauve ou fauve grisâtre, un peu sillonné et couvert d'une poussière squameuse facile à enlever.

Feuillets nombreux, étroits, minces, se terminant tous sur une même ligne circulaire.

Pied latéral court, assez large à l'insertion des feuillets, plus étroit à sa base.

Saveur fade, puis très âcre; non comestible.

Pousse en groupes imbriqués sur les souches d'arbres encore vivants pendant l'automne et l'hiver.

—Planche 28—

Sur les troncs morts	**Sur les souches coupées**
Toute l'année	Toute l'année

Schizophylle commun — **Panus styptique**

Schizophyllum commune — Panus stypticus

Non comestibles

Volvaire élégante.—Volvaria speciosa.

Spores roses.

On a beau dire, c'est un champignon qui porte bien son nom, mais malheur à l'imprudent qui se laisse prendre à sa bonne mine, il cache, paraît-il, sous des dehors séduisants, une âme bien noire, mortelle, dit-on.

On regarde les Volvaires comme des Amanites à spores roses, rien n'est plus vrai, puisqu'on y trouve toujours l'attribut de ces dernières, la volve; quant au collier, il peut manquer comme aussi dans certaines Amanites.

Au début, il est renfermé dans une volve blanche, d'où il sort sous forme d'une boule qui s'élargit peu à peu, jusqu'à devenir presque plate: son chapeau peut atteindre alors 6 à 8 centimètres; il est assez charnu, blanchâtre, puis grisâtre, surtout sur le disque; il est, de plus, mou et un peu visqueux.

Feuillets nombreux, larges, ventrus, laissant autour du pied un espace annulaire bien visible; ils sont d'abord blancs ou blanchâtres, puis roses par les spores qui les recouvrent.

Le pied est droit, régulier, un peu épaissi à la base, plus long que le diamètre du chapeau, blanchâtre, puis un peu roussâtre, surtout à la base, qui est légèrement pubescente et garni d'une volve blanche divisée en 2 ou 3 lobes.

Chair blanche nauséeuse.

On trouve la Volvaire élégante en automne et hiver, dans les terrains fumés, les décombres et surtout autour des meules où la paille a longtemps séjourné à terre.

—Planche 29—

Terrains fumés, décombres—Automne, hiver

Volvaire remarquable—Volvaria speciosa

Vénéneux

Pluteus des cerfs.—Pluteus cervinus.

Spores roses.

Le *Pluteus cervinus* est un champignon assez grand, qui, en raison de ses spores rougeâtres, fait partie du groupe des Rhodosporées (champignons à spores roses).

Son chapeau est assez charnu, d'abord campanulé, puis convexe, plan, avec le centre proéminent. Sa couleur est assez variable, puisqu'on peut le trouver d'un brun plus ou moins foncé, bistré ou même blanchâtre, mais sa couleur la plus habituelle est brune. Par les temps humides, il est généralement visqueux, nu ou couvert de fibrilles écailleuses; diamètre très variable de 4 à 12 centimètres.

Les feuillets sont nombreux, larges, libres autour du pied, d'abord blancs, puis rosés, par les spores qui les recouvrent.

Le pied est plus long que le diamètre du chapeau; il est plein, puis creux, cylindrique, blanc ou blanchâtre et couvert de fibrilles plus foncées.

La chair est assez épaisse, molle, blanche, odorante.

Longtemps, on a considéré le *Pluteus cervinus* comme suspect, mais il est parfaitement comestible. On le trouve principalement sur les troncs pourris, dans les bois, les haies, et souvent aussi sur la sciure de bois; alors il pousse en touffe et prend des dimensions beaucoup plus grandes et s'éloigne du type normal.

Les Pluteus poussent toujours sur du bois plus ou moins décomposé, et non sur la terre proprement dite.

—Planche 30—

Troncs pourris, sciure de bois—Été, automne

Pluteus des cerfs—Pluteus cervinus

Comestible

Cortinaire bleuâtre.—Cortinarius cœrulescens.

Spores ochracées.

Il y a, certes, parmi les Cortinaires que l'on connait, de belles espèces, mais celui-ci est malgré tout un des plus remarquables, tant par sa couleur fraîche et vive que par son port élégant.

Son chapeau est charnu, convexe, à bords recourbés, puis plan et un peu déprimé dans la vieillesse, où il prend des formes plus ou moins tourmentées; il mesure de 4 à 8 centimètres. Tout jeune, il est d'un bleu lilacé très vif, mais ensuite il devient roussâtre, au moins par place, et il faut l'avoir vu jeune pour se faire une idée de la fraîcheur de son coloris. Son épiderme est un peu fibrilleux ou légèrement visqueux par les temps humides.

Les feuillets sont nombreux, d'un beau bleu pâle, puis de couleur rouillée, due aux spores qui mûrissent.

Le pied est plein, gros, cylindrique, long de 4 à 5 centimètres et terminé à sa partie inférieure par un gros bulbe marginé couvert d'un léger coton bleuâtre.

La cortine qui, primitivement, reliait le chapeau au pied est blanc bleuâtre, puis ochracée et fugace.

Chair épaisse, ferme, lilacée, puis blanche, de saveur agréable. Ce champignon est comestible, mais assez rare. On le récolte en été-automne, dans les bois ombragés.

—Planche 31—

Sous les futaies—Été, automne

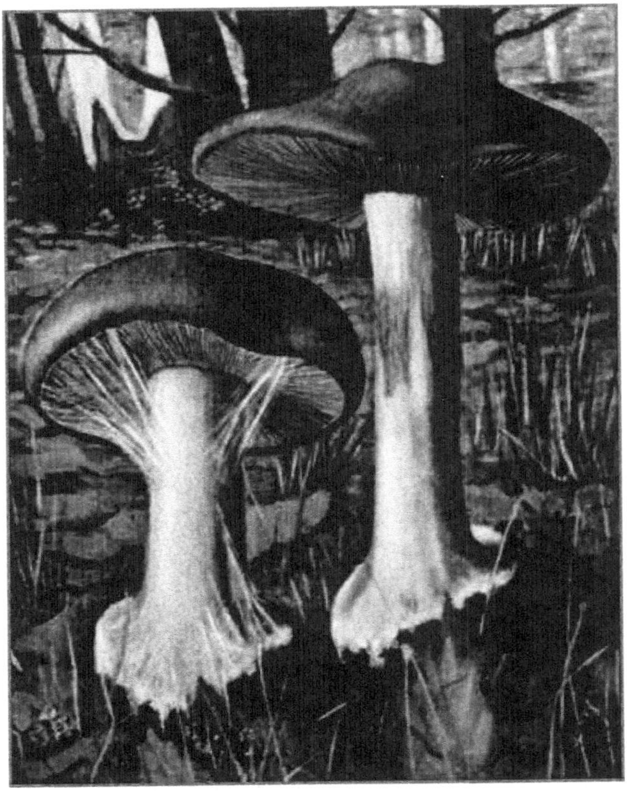

Cortinaire bleuâtre—Cortinarius cœrulescens

Comestible

Cortinaire de Berkeley.—Cortinarius Berkeleyi.

Spores ochracées.

Nous allons parler d'un Cortinaire qui, probablement, est le géant du genre et peut-être même de tous les Agarics: avec un seul spécimen, on peut faire un plat.

Le Cortinaire de Berkeley, nom du mycologue qui le premier l'a séparé des espèces voisines, nous paraît devoir se rapporter aux *Cortinarius torvus* de Fries, et *præstans* de Cordier. Il commence par montrer au-dessus du sol une tête sphérique, de la grosseur d'un petit œuf, mais, rapidement, le développement a lieu, et nous nous trouvons alors en présence d'un volumineux champignon à chapeau régulièrement arrondi recourbé sur les bords, mesurant plus de 20 centimètres de diamètre. Normalement, il est de couleur ochracée plus ou moins foncée, lisse, humide ou même visqueux et couvert surtout sur les bords de macules glutineuses blanches. Plus tard, il se ride du centre à la circonférence.

Feuillets nombreux, minces, étroits, non décurrents, d'abord bleu pâle lilacé, puis devenant ochracés par les pores qui les recouvrent.

Le pied est gros, ferme, plein, renflé à la base surtout dans le jeune âge, long de 10 à 20 centimètres et épais de plus de 3 centimètres. Il est blanc et couvert de squames nombreuses, et relié au chapeau dans les premiers temps par une abondante cortine formée de filaments blancs ou violacés.

Chair épaisse, fine, blanchâtre, de saveur agréable.

On trouve ce beau et bon champignon en automne dans les forêts, où il forme de grands cercles, de 15 à 20 individus.

—Planche 32—

Sous les futaies—Automne

Cortinaire de Berkeley—Cortinarius Berkeleyi

Comestible

Cortinaire à bracelets.—Cortinarius armillatus.

Spores ochracées

Ce champignon mesure de 8 à 10 centimètres au chapeau, avec un pied plus long que le diamètre du chapeau; il offre un caractère qui aidera à le faire reconnaître, il est marqué sur le pied de 2 à 4 zones circulaires irrégulières d'un rouge brique.

Au début, son chapeau est arrondi, puis convexe, un peu mamelonné au centre et enfin presque plat, avec les bords un peu relevés. Il est de couleur rouge brique ou un peu brunâtre, fibrilleux ou écailleux.

Feuillets peu nombreux, larges, arrondis et un peu adhérents au pied, amincis à la marge, pâles, puis rouillés ou bruns.

Pied plus long que le diamètre du chapeau, mince en haut, insensiblement renflé vers le bas, plein, blanchâtre ou fauve pâle et marqué vers le milieu de 3 ou 4 impressions irrégulières d'un rouge cinabre. La cortine est très fugace.

On trouve le Cortinaire à bracelets en été-automne, dans les bois.

Ce champignon, indiqué comme comestible, est de qualité inférieure.

Une espèce voisine, que l'on trouve dans les mêmes endroits, est le *Cortinarius hæmatochælis*, qui n'offre qu'une zone rouge et est de dimensions moindres.

—Planche 33—

Dans les bois—Été, automne

Cortinaire à bracelet

Cortinarius armillatus

Comestible

Cortinaire couleur de brique.

Cortinarius bolaris.

Spores ochracées.

Le Cortinaire couleur de brique est de taille moyenne, et il se caractérise surtout par sa teinte d'un rouge tout particulier.

Son chapeau est peu charnu, convexe, puis plan et un peu déprimé à la fin, il mesure de 4 à 5 centimètres de diamètre. Il est entièrement couvert de petites écailles d'un rouge safrané entre lesquelles on aperçoit le tissu pâle du champignon.

Les feuillets sont peu nombreux, étroits, amincis aux deux extrémités, blanchâtres ou un peu jaunâtres, puis orangés.

Le pied est plus grand que le diamètre du chapeau, plein, puis creux, égal, de la couleur du chapeau et un peu écailleux.

Chair blanche, peu épaisse, un peu âcre.

On trouve ce champignon, qui est probablement comestible, dans les bois, en été-automne.

Cortinaire rouge cinabre.
Cortinarius cinnabarinus.

Spores ochracées.

Encore un Cortinaire de petite dimension; il mesure de 3 à 5 centimètres, mais sa couleur rouge est très belle.

Son chapeau est peu charnu, campanulé, puis plan, d'un beau rouge vif, rappelant la couleur du cinabre; il est d'abord un peu soyeux puis glabre.

Les feuillets sont peu nombreux, assez larges et de la couleur du chapeau.

Le pied est long de 4 à 5 centimètres, plein, régulier ou un peu épaissi à la base, rouge plus clair que le chapeau et muni d'une cortine également rouge.

Chair peu épaisse, rouge, avec une légère odeur de radis.

Il n'est pas d'usage de consommer ce champignon que l'on trouve en été-automne, dans les bois sablonneux.

—Planche 34—

Dans les bois—Été, automne

Cortinaire couleur de brique

Cortinarius bolaris

Probablement comestible

Cortinaire rouge cinabre

Cortinarius cinnabarinus

Douteux

Hébélôme échaudé.—Hebeloma crustuluniformis.

Spores ochracées.

Les *Hebeloma* correspondent dans les Ochrosporées, aux *Tricholoma* des Leucosporées, c'est-à-dire qu'ils ont les feuillets sinués et le pied charnu.

L'Hébélôme échaudé a le chapeau d'abord arrondi, puis plan, avec les bords minces un peu irréguliers: il est glabre, humide ou un peu visqueux, jaune pâle ou roussâtre, surtout au centre.

Les feuillets sont nombreux, minces, roussâtres, pâles et souvent tachetés, denticulés sur la tranche, et montrant en temps humide des gouttelettes de liquide.

Le pied est plein, puis creux, un peu bulbeux à la base, plus clair que le chapeau, glabre en bas et ponctué au sommet de granulations écailleuses.

Chair blanche, épaisse, à odeur de radis.

Ce champignon est fréquent en été-automne, dans les bois, les prairies: comestible peu estimé.

Collybie à pied velu.—Collybia velutipes.

On trouve ce champignon à la fin de l'automne et pendant l'hiver sur les arbres languissants où il forme de petites touffes agréables à voir.

Le chapeau est peu charnu, mince, jaune orangé ou brunâtre, glabre et un peu visqueux, convexe, puis plan, large de 2 à 5 centimètres.

Les feuillets sont peu nombreux, assez larges, arrondis vers le pied, aigus vers la marge.

Pied jaune, roussâtre en haut et couvert ailleurs d'un tomentum brun ou noir, long de 4 à 6 centimètres; chair blanche ou blanchâtre de saveur mucilagineuse: comestible peu estimé.

—Planche 35—

Dans les bois—Été, automne

Hébélôme échaudé — Hebeloma crustuluniformis

Collybie à pied velu — Collybia velutipes

Comestibles peu estimés

Paxille noir-tomenteux.—Paxillus atro-tomentosus.

Spores ochracées.

Les Paxilles, peu nombreux en espèces, ont pour caractères principaux d'avoir les spores ochracées et les feuillets décurrents susceptibles de se séparer en masse de la chair du champignon. Nous avons, dans le premier volume, décrit et figuré le Paxille enroulé, qui est d'une couleur fauve uniforme, ce qui n'est pas le cas pour celui qui nous occupe.

Le Paxille noir-tomenteux a un chapeau souvent irrégulier, d'abord convexe, puis en entonnoir, avec les bords recourbés, surtout dans le jeune âge: il est pubescent, brun bistré plus ou moins intense, et mesure de 10 à 15 centimètres et même davantage.

Les feuillets sont nombreux, étroits, décurrents, anastomosés, fauves ochracés et pouvant, comme nous l'avons dit plus haut, se séparer par parties de la chair.

Pied court, trapu, plein, souvent excentrique, ordinairement couvert d'un revêtement brunâtre et comme duveteux.

La chair est assez épaisse, ferme, blanchâtre.

On trouve ce champignon surtout dans les bois d'arbres verts, où il acquiert des formes souvent curieuses, et des dimensions très grandes.

On l'indique comme comestible, mais il a, une fois cuit, une saveur franchement désagréable.

—Planche 36—

Bois d'arbres verts—Été, automne

Paxille noir-tomenteux—Paxillus atro-tomentosus

Comestible peu délicat

Pholiote radiqueuse.—Pholiota radicosa.

Spores ochracées.

Les Pholiotes, on le sait, sont des champignons munis d'un collier assez résistant et ayant des spores ochracées.

La Pholiote radiqueuse, ainsi nommée parce que son pied s'enfonce dans le sol, d'une assez grande longueur, est un champignon dont le chapeau, d'abord arrondi, s'élargit peu à peu en forme de dôme; il est rare qu'il devienne tout à fait plat. Il est charnu, ferme, blanchâtre ou jaunâtre fauve, plus ou moins parsemé de mèches appliquées de couleur plus foncée; son diamètre est de 6 à 10 centimètres, et l'épiderme du chapeau déborde légèrement sur les feuillets.

Feuillets nombreux, pâles, puis roussâtres, ferrugineux par les spores qui les recouvrent.

Pied robuste, plein, cylindrique, droit ou un peu courbé, plus long que le diamètre du chapeau et s'enfonçant dans le sol, d'une quantité parfois égale à sa longueur, sous forme de racine fusiforme; il est blanc ou blanchâtre, farineux au-dessus du collier et garni en dessous de nombreuses écailles un peu brunes. Collier large, membraneux, persistant.

Chair ferme, blanche, à odeur d'amande.

La Pholiote radiqueuse se trouve surtout au voisinage des souches pourrissantes, où le pied peut se développer librement dans un sol approprié. Lorsqu'on arrache ce champignon sans précaution, on brise sa racine et l'on n'obtient qu'un échantillon imparfait qui ne peut donner une idée de l'espèce.

—Planche 37—

Au pied des arbres—Été, automne

Pholiote radiqueuse—Pholiota radicosa

Peut-être comestible

Pholiote squarreuse.—Pholiota squarrosa.

Spores ochracées.

Encore une Pholiote qui est bien nommée, puisque *squarrosa* signifie couvert de pustules, ou écailles; et en effet, il est, dans la jeunesse, complètement hérissé de mèches retroussées.

La Pholiote squarreuse débute par un long pied généralement courbé et surmonté à sa partie supérieure par un léger renflement sphérique, le tout complètement recouvert de nombreuses squames brunâtres.

Peu à peu, le chapeau s'épanouit tout en restant convexe, il peut alors avoir de 5 à 10 centimètres. Il est charnu, jaune clair ou safrané, mais les nombreuses écailles qui le recouvrent sont brunâtres.

Les feuillets sont nombreux, étroits, jaune pâle, puis ferrugineux, arrondis à la base et aigus au sommet.

Le pied est plein, ferme, un peu courbé, long de 6 à 10 centimètres, jaune et garni de nombreuses écailles brunes, lisse au-dessus du collier qui est très consistant.

Chair jaune, d'odeur prononcée, comestible peu estimé.

Pousse en touffe de plusieurs individus au pied des arbres malades.

—Planche 38—

Sur les arbres malades—Automne

Pholiote squarreuse—Pholiota squarrosa

Comestible peu recommandable

Gomphide visqueux.—Gomphidius viscidus.

Spores noires.

Les *Gomphidius* sont peu nombreux en espèces, 3 ou 4 au plus; ils ont un chapeau assez caractéristique, en forme de toupie; leurs spores sont noires et très allongées comme celles des Bolets.

Le Gomphide visqueux montre d'abord un chapeau conique à bords repliés en dessous et reliés au pied par des filaments soyeux très fins, qui représentent une cortine. Plus tard, le chapeau s'aplatit tout en restant mamelonné au centre, l'épiderme est glabre, lisse, puis roussâtre ou roux fauve, puis un peu noirâtre, visqueux, et d'un diamètre de 3 à 5 centimètres.

Les feuillets sont épais, peu nombreux, droits, blancs grisâtres, puis cendrés et enfin noirs.

Le pied est plein, ferme, plus long que le diamètre du chapeau, cylindrique et atténué à la base, droit ou flexueux, jaune roussâtre, puis foncé dans le haut, présentant au sommet une sorte de cortine un peu visqueuse.

Chair jaunâtre, élastique, de saveur mucilagineuse et d'odeur assez désagréable.

On trouve ce champignon pendant une partie de l'année, presque exclusivement dans les sapinières.

C'est un comestible peu apprécié.

— Planche 39—

Sous les sapins—Été, automne

Gomphide visqueux—Gomphidius viscidus

Comestible peu délicat

Strophaire érugineux.—Stropharia œruginosa.

Spores brunes noirâtres.

Les Strophaires sont des champignons à couleurs assez vives et de formes plutôt gracieuses, mais ils ont une bien mauvaise habitude, ils ont une préférence pour les matières excrémentielles, et l'un d'eux porte le nom mal odorant de *merdaria.*

Celui dont nous nous occupons tire son nom de sa couleur verte. Il se compose d'un chapeau pouvant mesurer 4 à 6 centimètres de diamètre, assez charnu, arrondi, puis plan convexe ou plan, et toujours muni d'un mamelon apparent; il est jaune verdâtre ou bleuâtre et couvert d'une épaisse couche visqueuse. Sous l'influence de la lumière, il blanchit sensiblement, et parfois on le trouve couvert de squames peu adhérentes blanches, lesquelles se voient surtout au bord du chapeau. L'épiderme s'enlève facilement.

Les feuillets sont assez nombreux, étroits aux extrémités, larges au milieu, gris, verdâtres, puis brunâtres.

Le pied est plus long que le diamètre du chapeau, droit ou courbe, cylindrique ou un peu plus gros à la base, creux à l'intérieur, verdâtre ou un peu azuré comme le chapeau, visqueux et couvert de squames blanches, plus abondantes au haut du pied où elles forment un collier fugace.

Chair molle, blanche ou blanchâtre de saveur désagréable.

On trouve ce champignon dans les bois, sous les feuilles, l'humus ou les matières décomposées. On le regarde comme suspect.

—Planche 40—

Humus, décombres—Été, automne

Strophaire érugineux—Stropharia œruginosa

Non comestible

Bolet à chair jaune.—Boletus chrysenteron.

C'est un Bolet qui est généralement de taille moyenne; son chapeau est convexe, aplati sur le tard et souvent plus ou moins irrégulier, il mesure de 4 à 6 centimètres et est de couleur terne, fauve ou brun pâle, quelquefois un peu rougeâtre, légèrement tomenteux, fendillé ou divisé en petits compartiments isolés comme le montre la figure de droite; on aperçoit alors la chair qui se colore en rouge.

Les bords du chapeau sont obtus.

Les tubes sont jaunes, peu ou pas déprimés autour du pied, terminés par des pores assez grands, inégaux, anguleux et verdissant par le frottement.

Pied robuste, long de 4 à 5 centimètres, égal ou un peu renflé à la base, souvent courbé ou flexueux, jauni, mais couvert de nombreuses stries rouges, sauf au sommet ou à la base.

Chair molle, jaune, rouge sous l'épiderme, sans odeur ni saveur appréciable.

Ce champignon pousse un peu partout isolément, dans les bois mêlés; on le regarde comme suspect, probablement à tort.

Une espèce voisine, le *Boletus subtomentosus*, se distingue du *Chrysenteron*, par sa chair qui est jaune sous l'épiderme du chapeau, tandis qu'elle est rouge dans le *Chrysenteron*.

—Planche 41—

Bois mêlés—Été, automne

Bolet à chair jaune—Boletus chrysenteron

Suspect

Bolet parasite.—Boletus parasiticus.

Au numéro 60 de notre nouvel Atlas, nous avons décrit le Scléroderme vulgaire, que l'on trouve si communément dans les terrains maigres, au bord des chemins: eh bien, ce Scléroderme a le singulier privilège d'héberger un Bolet, qui, de ce fait, a reçu le nom de Bolet parasite. C'est bien aux dépens du Scléroderme que vit ce champignon: il suffit, pour s'en convaincre, d'examiner avec un peu d'attention les relations qui existent entre les deux plantes.

Vers la base du Scléroderme, partent deux ou plusieurs mamelons qui grandissent peu à peu; ils portent à leur sommet un chapeau plus ou moins arrondi, puis sensiblement plat et mesurant 3 à 5 centimètres.

Assez régulièrement hémisphérique, le chapeau du Bolet parasite ne tarde pas à modifier sa forme, soit parce que les chapeaux se touchent ou qu'ils se trouvent en contact avec le Scléroderme lui-même. L'épiderme du chapeau est lisse, uni, fauve ou roussâtre, parfois grisâtre et fendillé. Les pores sont d'un jaune sale, assez grands, d'abord arrondis, puis anguleux; ils adhèrent au pédicule, mais par suite du développement du chapeau, ils paraissent un peu décurrents. Le pied est cylindrique, un peu atténué et toujours courbé à la base, qui est en contact intime avec la chair du Scléroderme. Chair jaune.

Le Bolet parasite se développe sur les *Scleroderma vulgare* et *verrucosum*. Il n'est pas donné comme comestible.

—Planche 42—

Sur les Sclérodermes—Été, automne

Bolet parasite—Boletus parasiticus

Non comestible

Bolet pomme de pin.—Boletus strobilaceus.

Quiconque a vu une seule fois ce Bolet ne l'oubliera pas.

Figurez-vous un chapeau arrondi, brunâtre ou noirâtre, tout couvert d'écailles ou de squames floconneuses régulièrement disposées, épaisses et dépassant les bords du chapeau, lequel mesure de 4 à 8 centimètres.

Les tubes sont assez longs, anguleux, blanchâtres, puis gris rougeâtres ou bistrés avec des pores amples de même couleur.

Pied plus long que le diamètre du chapeau, égal ou un peu renflé à la base, fibreux, charnu, blanchâtre ou grisâtre et couvert de nombreuses mèches soyeuses.

Chair blanche, puis rosée et devenant brune.

Ce champignon est comestible, mais peu délicat; on le trouve assez rarement dans les bois ombragés.

Bolet des bouviers.—Boletus bovinus.

Comme plusieurs de ses congénères, le Bolet des bouviers affectionne les arbres verts.

Son chapeau est d'abord arrondi, puis plan, glabre et visqueux en temps humide, fauve ou roux ferrugineux, et d'un diamètre de 5 à 8 centimètres.

Les tubes sont décurrents sur le pied, assez courts, jaunâtres, verdâtres ou ferrugineux, avec des pores amples et composés.

Le pied est cylindrique, égal ou un peu renflé à la base, de la couleur du chapeau ou teinté de rougeâtre et long de 3 à 4 centimètres.

Chair blanche, devenant un peu verdâtre et de saveur agréable.

On trouve ce champignon en automne, dans les bois d'arbres verts; il est comestible.

—Planche 43—

Dans les bois—Été, automne

Bolet pomme-de-pin **Bolet des bouviers**

Boletus strobilaceus Boletus bovinus

Comestibles

Bolet varié.—Boletus variegatus.

Le Bolet varié se plaît, lui aussi, au voisinage des conifères; on le reconnaîtra à son chapeau d'abord arrondi, puis plan, roussâtre ou jaune olivâtre, couvert sur une partie de sa surface d'une multitude de petites écailles plus foncées; son diamètre est de 6 à 8 centimètres.

Tubes verdâtres touchant le pied, terminés par des pores assez grands, anguleux, olivâtres ou bistrés, ferrugineux.

Pied cylindrique ou un peu renflé à la base, ferme, jaune ou de la couleur du chapeau, avec parfois des stries plus foncées.

Chair assez épaisse, jaune ou prenant une légère teinte bleuâtre; celle du pied est plus jaune et souvent un peu rougeâtre à la base.

On trouve ce champignon dans les bois de pins, où il est souvent très abondant.

Il est comestible.

—Planche 44—

Sous les conifères—Été, automne

Bolet varié—Boletus variegatus

Comestible

Polypore du bouleau.—Polyporus betulinus.

Ce champignon est bien reconnaissable à sa forme régulière, sa couleur fauve et sa surface absolument unie; de plus, il ne pousse que sur les bouleaux.

Si l'on veut bien prendre la peine d'examiner un bouleau mort, qu'il soit sur pied ou couché à terre, on y trouvera presque à coup sûr un ou plusieurs Polypores du bouleau.

Il se montre d'abord sous la forme d'une petite masse ronde excavée en dessous, et si jeune qu'il soit, on reconnaît à peu près la forme de l'adulte.

Finalement, il mesure 12 à 15 centimètres de diamètre, son chapeau est circulaire, se terminant à l'arrière par un pied court un peu courbé; il est d'un brun roussâtre uniforme, uni, non zoné, à marge épaisse un peu repliée en dessous.

Il porte à sa partie inférieure des tubes courts munis de pores très petits, blancs.

La chair est blanche, fine, coriace ou même subéreuse. On pourrait, paraît-il, en faire des cuirs à rasoir.

Non comestible à cause de la résistance de sa chair.

On pourra remarquer que toujours le chapeau du Polypore du bouleau est orienté parallèlement au sol, c'est-à-dire qu'il est horizontal: mais si, par aventure ou par accident, l'arbre, de perpendiculaire qu'il était vient à se coucher sur le sol, le chapeau modifie sa position première de façon à devenir de nouveau horizontal. Le même phénomène se produit chez les autres polypores ligneux.

—Planche 45—

Sur les bouleaux—Toute l'année

Polypore du bouleau—Polyporus betulinus

Non comestible

Polypore gigantesque.

Polyporus (Merisma) giganteus.

Le *Polyporus giganteus*, appelé aussi *Merisma giganteus*, se distingue des Polypores vrais, en ce qu'il offre des chapeaux multiples provenant de la même souche, tandis que dans les premiers il n'y a qu'un ou deux chapeaux, rarement davantage. On l'a aussi appelé Polypore acanthoïde, parce que par ses nombreux chapeaux découpés, il a quelque ressemblance avec les feuilles de l'acanthe. Il est surtout remarquable par les dimensions considérables et le poids qu'il peut atteindre (10 et 15 kilos).

Il est formé de nombreux chapeaux dimidiés, dilatés, aplatis, irrégulièrement lobés et diversement contournés. Ces chapeaux sont très peu charnus, veloutés ou finement granuleux, ou encore sillonnés, ridés, jaunâtres, brunâtres ou grisâtres, ou même un peu ferrugineux et plus foncés vers la base. Ils sont imbriqués et garnis à leur partie inférieure de tubes courts blancs ou pâles terminés par des pores également blancs, petits, difformes ou lacérés, se prolongeant sur des pédicules peu distincts, le tout formant une grosse souche tuberculeuse, qui s'insère le plus souvent sur le tronc d'un arbre coupé, où il s'étale de manière à couvrir une grande surface.

On ne trouve ce champignon que dans les grands bois où existent de très vieux arbres, aussi est-il assez rare. Il est comestible.

—Planche 46—

Sur les souches—Été, automne

Polypore gigantesque—Polyporus giganteus

Comestible

Polypore squameux.—Polyporus squamosus.

Le Polypore squameux, appelé souvent Polypore du noyer, ressemble assez bien à un éventail. Il est formé d'un large chapeau plus ou moins arrondi, aplati, un peu déprimé à l'arrière, mince et un peu recourbé sur les bords. Il est jaunâtre et couvert de nombreuses écailles plus foncées et appliquées, il mesure jusqu'à 20 centimètres et plus. Les pores sont blanchâtres ou un peu jaunâtres, petits, puis amples, anguleux et lacérés, descendant longuement sur le pied.

Pied court, excentrique ou latéral, épais, blanchâtre et brun noirâtre à la base.

Chair blanche, ferme, même un peu coriace, d'odeur forte de champignon.

On trouve communément ce champignon sur les arbres malades, sur les souches de différents arbres, mais du noyer surtout; il pousse souvent plusieurs sujets en même temps.

L'Oreille de noyer ou d'orme est évidemment comestible, mais il faut la prendre très jeune, sans quoi elle est trop coriace.

—Planche 47—

Sur les troncs d'arbres—Été, automne

Polypore squameux—Polyporus squamosus

Comestible (jeune)

Polypore soufré.—Polyporus sulfureus.

Notre grand mycologue Bulliard appelait ce champignon, Bolet sulfurin; mais nous savons que les Bolets ont un chapeau et un pied distincts et que ce pied est central. Ici, pas de pied proprement dit, et en tout cas, pas de pied central.

Pour certains mycologues, le Polypore soufré fait partie du genre *Merisma*, qui est caractérisé par ce fait que plusieurs chapeaux partent du même point.

En effet, il forme toujours une touffe comprenant plusieurs chapeaux plus ou moins superposés et ayant plus ou moins l'aspect d'une lame circulaire épaisse de 1 à 3 centimètres, sur une largeur de 10 à 12 centimètres. Ces chapeaux sont sessiles ou un peu rétrécis à la base, aplatis ou convexes, ondulés, festonnés sur les bords. Ils sont d'abord pubescents, puis glabres, jaune rougeâtre ou couleur saumon.

Tubes courts, terminés par des pores petits, entiers, puis lacérés, de couleur jaune de soufre.

Chair blanche, molle, laissant écouler des gouttelettes d'eau jaune, puis sèche, grenue, cassante et de saveur acide. Ce champignon acquiert parfois des dimensions considérables.

On pourrait, paraît-il, manger ce champignon, mais alors il faut le prendre très jeune.

On trouve le Polypore soufré sur les arbres languissants ou morts, et aussi sur les bois d'industrie.

—Planche 48—

Arbres malades, bois ouvrés—Toute l'année

Polypore soufré—Polyporus sulfureus

Non comestible

Polypore amadouvier.—Polyporus fomentarius.

Ce champignon, que l'on nomme Bolet à amadou, Agaric de chêne, Agaric femelle ou encore Agaric des chirurgiens (bien qu'il n'ait aucune ressemblance avec les Agarics), fait élection de domicile sur les vieux arbres, principalement sur le chêne et sur le hêtre.

Il commence par donner un mamelon qui fait saillie à la surface de l'arbre envahi, puis ce mamelon s'accroît, s'organise et se différencie en une partie inférieure qui montre des pores et une partie supérieure qui forme le chapeau proprement dit.

Ce chapeau peut acquérir de grandes dimensions et mesurer de 30 à 50 centimètres de largeur, sur une épaisseur de 10 à 20 centimètres.

Il adhère à l'arbre nourricier par une large surface et prolonge ses filaments mycéliens très loin dans le tissu du support. Assez souvent, il a la forme d'un sabot de cheval ou d'une console semi-orbiculaire, avec les pores toujours tournés en bas, petits, fauves ou ferrugineux, et disposés en plusieurs couches visibles sur la section du champignon. Cette disposition est caractéristique des Fomes, aussi nomme-t-on ce champignon *Fomes fomentarius.*

La cuticule forme des bourrelets concentriques plus ou moins nombreux, grisâtres, fuligineux ou noirâtres.

Sous la cuticule, on trouve une chair molle, brune ou ferrugineuse, qui peut servir à préparer l'amadou.

—Planche 49—

Sous les vieux arbres—Toute l'année

Polypore amadouvier

Polyporus fomentarius

Non comestible

Polypore luisant.—Polyporus lucidus.

Ce Polypore, que Bulliard appelait Bolet oblique, est bien bizarre, avec son chapeau disposé sur le côté et son revêtement luisant: on dirait un champignon laqué.

Quand il débute, c'est un simple pied noirâtre qui sort de terre et qui se termine par une sommité pointue, puis survient un tout petit chapeau blanchâtre, dont le développement continue à se faire seulement sur un côté, en sorte qu'il devient excentrique, et de blanchâtre qu'il était, il prend une teinte rouge acajou vive et brillante, comme vernie. La surface du chapeau est plus ou moins zonée et de teinte plus claire sur le bord.

Sous le chapeau se trouvent des tubes assez longs blancs ou blanchâtres à orifices petits.

Le pied est beaucoup plus long que le diamètre du chapeau, irrégulièrement arrondi et bosselé, brun noirâtre brillant ou encore rouge brun, mais plus foncé que le chapeau.

Chair coriace, blanchâtre, un peu acide.

Pousse dans les endroits humides, sur les souches de divers arbres.

—Planche 50—

Sur les souches—Toute l'année

Polypore luisant

Polyporus lucidus

Non comestible

Polypore blanc-noirâtre.—Polyporus leucomelas.

Ce Polypore, appelé aussi Pied de mouton noir, est un champignon trapu, à chapeau charnu, fragile, arrondi, entier ou lobé, irrégulier, assez épais, mince sur les bords qui sont enroulés. Il est brun noirâtre ou bistré noir, à surface douce, unie, puis rugueuse et fendillée. Il mesure de 6 à 10 centimètres. Il porte sous le chapeau des tubes très courts à orifices blancs ou blanchâtres se prolongeant sur le pied.

Pied robuste difforme, plus court que le chapeau et de teinte analogue ou fuligineuse.

Chair blanche, puis rosée, fragile, agréable, sauf celle du pied, qui serait un peu amère.

Ce champignon est comestible; on le trouve en été-automne, dans les sapinières.

Polypore pérennant.—Polyporus perennis.

C'est un champignon fort élégant avec son chapeau mince, circulaire, déprimé et agréablement zoné de jaune et de fauve; mais il est coriace, ligneux, et par conséquent non comestible.

Sous le chapeau, on remarque des pores très petits arrondis puis lacérés, d'abord blancs et ensuite de couleur cannelle.

Pied droit, ferme, résistant, velouté, mince ou assez fortement épaissi, et de la couleur du chapeau.

Ces champignons poussent dans les endroits siliceux, ils se soudent fréquemment les uns aux autres; parfois, les bords du chapeau sont fortement laciniés.

—Planche 51—

Sur la terre—Automne **Sur les charbonnières**

Polypore blanc-noirâtre	**Polypore pérennant**
Polyporus leucomelas	Polyporus perennis
Comestible	*Non comestible*

Dédalée du chêne.— Dædalea quercina.

Les Dédalées sont des champignons ligneux, caractérisés par la disposition sinueuse des pores, qui forment un vrai labyrinthe, d'où le nom qui leur a été imposé. Ils ont aussi un autre caractère commun avec les Tramètes, qui les distingue nettement des Polypores. C'est que, dans les polypores ligneux, la chair et les tubes sont séparés par une ligne de démarcation bien nette, tandis que dans les Dédalées et les Tramètes, la trame des pores et de la chair se confondent et font corps intime.

L'espèce qui nous occupe et que l'on trouve souvent sur les arbres malades, surtout sur les chênes et jusque dans nos maisons, peut atteindre un volume assez considérable.

La forme en est très variable, tantôt elle est plate comme une lame, d'autres fois prend la forme d'un coussinet large à sa surface et diminuant progressivement vers sa partie inférieure; sa surface est plate ou irrégulièrement bosselée ou tuberculeuse et marquée de zones plus ou moins visibles.

Les tubes représentent plutôt des lames épaisses anastomosées de la même couleur que le chapeau, qui finissent par former de grands pores labyrinthiformes. Tout le champignon a une consistance qui tient le milieu entre celle du bois et du liège.

—Planche 52—

Sur les bois de charpente—En tout temps

Dédalée du chêne—Dædalea quercina

Ligneux

Mérule pleureur.—Merulius lacrymans.

Les *Merulius* se distinguent des autres Polyporées en ce qu'ils ont plutôt des plis anastomosés que de véritables pores.

Le Mérule pleureur, appelé aussi *Merulius destruens* (destructeur) se trouve dans les endroits humides, les caves principalement, derrière les boiseries et surtout sous les parquets.

Lorsqu'il n'est pas fructifié, il se montre à nous sous la forme de filaments blancs et ténus qui vont souvent fort loin pour trouver des bois à détruire, puis quand les conditions sont favorables, il se condense en une membrane assez consistante, grisâtre ou blanche sur les bords, jaune ou jaunâtre au centre, où s'organise l'hyménium; c'est alors qu'apparaissent les alvéoles ou pores, qui tout d'abord ressemblent un peu à de la fraise de veau; puis les spores se forment, mûrissent et donnent à la membrane une teinte jaune brunâtre.

Les dimensions de la plaque hyméniale sont très variables, elles peuvent aller, de quelques centimètres, à 10 et 20 centimètres, être circulaires ou allongées.

Sous l'influence des courants et aussi par leur puissance de projection, ces spores peuvent se déposer très loin sous forme d'une poussière rougeâtre.

C'est un champignon redoutable, surtout pour les bois tendres et principalement les sapins, qui sont dévorés en peu de temps. Le meilleur moyen de s'en préserver est tout d'abord de brûler tout ce qu'il atteint, et de badigeonner avec une solution bouillante de sulfate de cuivre à 10% tout ce qui est atteint, sans en excepter les bois neufs que l'on emploie: il faut en outre ménager des courants d'air.

—Planche 53—

Sur les bois, dans les endroits humides—Toute l'année

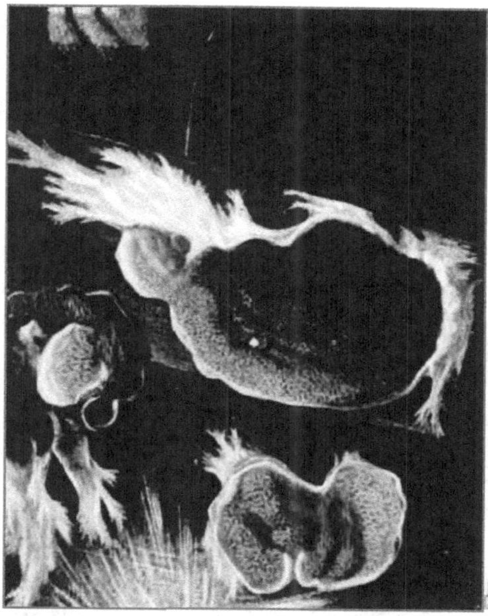

Mérule pleureur—Merulius lacrymans

Nuisible aux bois d'industrie

Hydne hérisson.—Hydnum erinaceum.

Nous savons que les *Hydnum* sont tous garnis sur leur surface hyméniale de pointes plus ou moins longues auxquelles on a donné le nom d'aiguillons. Les spores se trouvent à la surface de ces aiguillons.

Nous parlerons aujourd'hui de l'un des plus anciens et des plus beaux parmi les champignons de ce genre.

L'Hydne hérisson se développe toujours dans les cavités qui se trouvent sur les arbres, mais de préférence sur les chênes et les hêtres. Lorsque le mycélium est suffisamment organisé, il projette au dehors de l'orifice ou de la cavité une masse charnue, blanche, semblable à un moignon, lequel, une fois dehors, s'élargit plus ou moins, de façon à représenter un coussinet ou une épaulette, puis il se développe tout autour des quantités de prolongements filiformes très allongés sur le devant et bien plus courts ailleurs. Ces prolongements, blancs ou blancs jaunâtres, prennent tous la direction verticale et sont parallèles les uns aux autres, en sorte que quand le champignon s'est complètement développé, on croirait avoir devant soi une épaulette d'une nature particulière.

L'Hydne hérisson est comestible, mais sa chair est de consistance un peu ferme; comme saveur, il rappelle assez celle du champignon de couche.

C'est un champignon assez rare qui toujours excite l'admiration des mycologues qui ont la chance de le rencontrer.

—Planche 54—

Sur les vieux arbres blessés—Été, automne

Hydne hérisson—Hydnum erinaceum

Comestible

Hydne imbriqué.—Hydnum imbricatum.

L'Hydne imbriqué, appelé aussi barbe de bouc, comporte un chapeau et un pied. Le chapeau est épais, charnu, un peu arrondi, puis plat ou un peu déprimé, souvent difforme et irrégulier sur les bords qui sont minces, ondulés, lobés; il est en outre le plus souvent parsemé de grosses écailles tuberculeuses assez régulièrement disposées. Ces écailles sont plus foncées (quelquefois presque noires) que le reste du chapeau, qui est brunâtre ou terre d'ombre. A la partie inférieure du chapeau se trouvent des aiguillons fragiles d'un blanc sale ou cendrés, qui se prolongent sur le pied.

Pied plutôt court, épais, gris, brun ou rougeâtre.

Chair ferme, cassante, sèche, d'un blanc pâle ou grisâtre, un peu amère.

On trouve ce champignon en automne, dans les bois de conifères; il est comestible.

Hydne gélatineux.

Hydnum (Tremellodon) gelatinosum.

L'*Hydnum gelatinosum*, que l'on nomme aussi *Tremellodon gelatinosum*, a un chapeau de consistance gélatineuse, translucide, grisâtre ou brunâtre, lisse, irrégulier, souvent dimidié ou terminé par un pied latéral de même consistance. A la partie inférieure du chapeau existent des aiguillons moins transparents; chair à saveur agréable.

On trouve toujours ce champignon près de terre, sur les souches d'arbres verts, où il se groupe plus ou moins. Il est comestible.

—Planche 55—

Sur la terre **Souches de conifères**

Hydne imbriqué **Hydne gélatineux**

Hydnumimbricatum Hydnum (tremellodon)gelatinosum

Clavaire fusiforme.—Clavaria fusiformis.

Comme l'indique son nom, cette Clavaire a la forme d'un fuseau, c'est-à-dire qu'elle s'effile à ses extrémités.

Elle mesure de 5 à 8 centimètres et est de couleur jaune vif un peu mat. Elle est, à l'intérieur, compacte, puis creuse, d'abord jaune, puis blanchissante.

La Clavaire fusiforme est simple, mais elle pousse toujours en touffes formées de nombreux rameaux.

On la trouve à l'automne, dans les bois, les gazons, les bruyères; elle est comestible.

On trouve dans les mêmes endroits d'autres Clavaires jaunes, de couleurs moins vives et aussi comestibles.

Clavaire en pilon.—Clavaria pistillaris.

Cette Clavaire, qui ressemble au pilon des pharmaciens, se compose essentiellement d'une partie renflée, généralement oblongue et s'atténuant peu à peu jusqu'à la base: elle peut atteindre de 10 à 15 centimètres, sur une épaisseur de 2 à 4 centimètres. La tête ou clavule est rougeâtre ou d'un jaune fauve, lisse, ridée ou sillonnée par places.

Chair blanche, compacte, filandreuse, se continuant jusqu'à la base.

La partie inférieure est moins colorée et presque blanche.

Quoique peu agréable, elle est comestible; on la trouve à l'automne et même pendant l'été, dans les bois ombragés.

—Planche 56—

Dans les bois—Été, automne

Clavaire fusiforme **Clavaire en pilon**

Clavaria fusiformis (gauche) Clavaria pistillaris

Comestibles

Gyrocéphale helvelloïde.

Gyrocephalus (Guepinia) helvelloides.

Les *Gyrocephalus* (ou *Guepinia*) sont des champignons gélatineux assez fermes, stipités, ayant un peu la forme d'une spatule ou d'une cuiller, ou encore d'un lobe d'oreille.

Ils se distinguent des *Tremella* par leurs basides linéaires et leurs spores courbées.

Le *Gyrocephalus helvelloides*, ainsi appelé parce qu'il ressemble un peu à certaines Helvelles, se compose d'un pédicule blanchâtre ou rougeâtre plus ou moins grand, et se prolongeant en une sorte de chapeau irrégulier, spatulé, lobé ou festonné, quelquefois même il est creusé en entonnoir et presque toujours plus développé d'un côté que de l'autre. Il peut atteindre une hauteur de 5 à 10 centimètres; il est un peu translucide, rouge ou rose orangé, et de consistance molle gélatineuse.

L'hyménium se trouve à la partie inférieure du chapeau, il est vaguement plissé.

En raison de sa couleur, certains mycologues le nomment *Gyrocephalus rufus* (Gyrocéphale rouge).

On trouve ce champignon à terre, surtout dans les montagnes et sous les conifères.

Il peut être consommé en salade.

—Planche 57—

A terre, sous les conifères—Été, automne

Gyrocéphale helvelloïde—Gyrocephalus (Guepinia) helvelloides

Comestible

Calocère visqueuse.—Calocera viscosa.

Les *Calocera* sont voisins des *Clavaria*, dont ils diffèrent par leur consistance gélatineuse, visqueuse, cornée étant secs.

Ce sont des champignons aux couleurs vives, à réceptacle simple ou rameux, isolés ou cespiteux et poussant sur les arbres ou les bois décomposés.

Le *Calocera viscosa*, ou *Calocera flammea*, comme on le nomme aussi, est formé de rameaux plus ou moins nombreux, dressés, cylindriques ou un peu aplatis, un peu bifurqués au sommet. Toute la plante est jaune rougeâtre, plus foncée à la dessiccation.

Inférieurement, le champignon se prolonge en une racine tenace radicante. Nous le croyons comestible, mais il ne vaut pas les Clavaires, c'est en tous cas une petite espèce.

Auriculaire mésentérique.
Auricularia mesenterica.

Les *Auricularia* font partie des Trémellinées ou Auriculariées, du mot latin *Auricula*, oreille. Dans ces champignons, l'hyménium est quelque peu plissé, ridé, et les spores sont oblongues, courbées et assez grosses.

L'Auriculaire mésentérique, nommée aussi Auriculaire trémelloïde, vient sur les souches décomposées, qu'elle garnit de nombreux chapeaux d'abord adhérents, puis réfléchis, entiers, arrondis, gris brunâtre, zonés.

L'hyménium, qui se trouve à la partie inférieure, est d'un brun violacé, plissé, ridé.

—Planche 58—

Sur les troncs—Été, automne

Calocère visqueuse	**Auriculaire mésentérique**
Calocera viscosa(bas)	Auricularia mesenterica(haut)

Non comestibles

Phallus puant.—Phallus impudicus.

Ce champignon, que les anciens naturalistes avaient nommé Morille puante, œuf du diable, se rencontre assez fréquemment dans les bois sablonneux.

Il se présente à l'origine comme une sorte d'œuf blanchâtre ou grisâtre. Ces œufs se montrent à moitié émergés du sol, ou même ils reposent tout à fait sur les débris ou le mycélium s'est implanté. A un moment donné, cet œuf se rompt irrégulièrement pour donner issue au champignon proprement dit, qui, dans l'espace de quelques heures, atteint tout son développement.

Il se présente alors sous la forme d'un pédicule long de 10 à 20 centimètres, cylindro-conique aux extrémités, fistuleux et complètement percé de nombreuses perforations qui lui donnent une très grande légèreté. Sa partie supérieure est garnie d'une sorte de coiffe munie d'alvéoles renfermant à leur intérieur une mucosité verdâtre et malodorante où se trouvent les spores. C'est cette matière que les insectes transportent inconsciemment dans d'autres endroits, qui contribue à propager l'espèce.

Bien qu'un tel champignon n'invite guère à le consommer, on assure qu'à l'état d'œuf, il a été mis en vente sur le marché d'Épernay.

On trouve dans les mêmes endroits le *Phallus imperialis*, sensiblement plus rare que le précédent; il a la volve rose, puis le *Phallus caninus* (Phallus de chien), beaucoup plus grêle dans toutes ses parties, avec la tête rose.

—Planche 59—

Sur la terre des bois sablonneux—Été, automne

Phallus puant—Phallus impudicus

Non comestible

Scléroderme vulgaire.—Scleroderma vulgare.

Le nom de ce champignon lui vient de deux mots grecs, qui signifient qu'il a la peau dure.

Les Sclérodermes ont un peu l'aspect des vesses-loup (Lycoperdon), mais ils en diffèrent en ce que l'enveloppe qui recouvre le tissu fructifère est épaisse, coriace, alors que dans les Lycoperdons elle est mince; de plus, la trame fructifère est, dans les Lycoperdons, homogène et dépourvue dans le jeune âge de cellules ou logettes qui existent dans les *Scleroderma.*

Le Scléroderme vulgaire se trouve dans les terrains maigres sur la terre, où il adhère par un faisceau de petites racines.

C'est un réceptacle plus ou moins difforme, globuleux, sessile ou à peine stipité, dur, ferme, marqué à sa surface de squames ou d'alvéoles quelque peu verruqueuses. La chair est d'abord blanche, divisée en logettes, puis elle devient noire et grenue, et non pulvérulente comme dans les vesses-loup.

Astre hygrométrique.—Astreus (Geaster) hygrometricus.

Ces champignons, plus connus sous le nom de *Geaster* (étoile de terre), ressemblent tout d'abord à des Lycoperdons, mais, à l'encontre de ces derniers, l'enveloppe du champignon se sépare en deux parties; l'une, extérieure, qui se divise en plusieurs lobes se recourbant plus ou moins en dehors, suivant l'état hygrométrique de l'air, et une interne, mince, continuant à envelopper les spores. A cet état, le champignon représente assez bien une étoile. L'enveloppe intérieure s'ouvre au sommet pour laisser passage aux spores.

L'Astre hygrométrique se trouve fréquemment sur la terre, dans les endroits sablonneux.

—Planche 60—

Sur la terre sablonneuse—Été, automne

Scléroderme vulgaire	**Astreus hygrométrique**
Scleroderma vulgare(bas)	Astreus (geaster) hygrometricus (haut)

Non comestibles

Clathre en réseau.—Clathrus cancellatus.

(Clathre rouge.)—(Clathrus ruber.)

Comme le Phallus puant dont il est proche, le Clathre est à son origine renfermé dans une sorte d'œuf, mais plus arrondi, blanchâtre et marqué extérieurement d'impressions polygonales résultant de la pression intérieure du champignon. Cet œuf se déchire irrégulièrement à son sommet pour laisser voir le champignon proprement dit. On voit alors se produire une sorte de sphère, découpée par des mailles polygonales plus ou moins nombreuses, irrégulières, formant comme un treillis rose, rouge ou jaune rougeâtre intérieurement, d'une structure délicate et fragile. A l'intérieur, ces branches anastomosées sont garnies d'un hyménium verdâtre d'odeur fétide et renfermant de nombreuses spores que les insectes se chargent de propager au loin.

Le Clathre se trouve surtout dans le midi et le sud-ouest de la France, sous les oliviers et dans les friches, à l'automne.

Spathulaire jaunâtre.—Spathularia flavida.

Ce champignon tire son nom du mot latin *Spathula*, qui signifie spatule.

C'est un champignon comprenant un pied blanc ou blanchâtre, épais, dressé, cylindrique ou comprimé, plus large à la base qu'au sommet et mesurant à peu près 5 centimètres de hauteur. A sa partie supérieure, il est couronné ou plutôt enchâssé par une tête oblongue, comprimée, entière ou festonnée, jaune et de consistance charnue molle.

L'hyménium est formé de thèques renfermant 8 spores filiformes.

Se trouve surtout sous les pins, à l'automne; comestible.

—Planche 61—

En groupe sous les conifères **A terre dans le midi et l'ouest**

Automne

Spathulaire jaunâtre — Spathularia flavida — *Comestible*

Clathre en réseau — Clathrus cancellatus — *Non comestible*

Bulgarie salissante.—Bulgaria inquinans.

Champignon bizarre, qui pousse pendant une grande partie de l'année sur les chênes malades ou abattus. Son nom lui vient de *Bulga*, qui signifie bourse, à cause de l'analogie qu'il a avec certaines bourses à quêter.

La Bulgarie débute par une petite boule jaune rougeâtre velue, de la grosseur d'un pois; puis cette boule s'ouvre à sa partie supérieure pour montrer une surface concave, puis plane, avec les bords légèrement relevés.

Complètement développée, la Bulgarie ressemble assez à un cône tronqué qui adhérerait au support par sa petite base: elle mesure de 1 à 3 centimètres, sur une hauteur à peu près égale.

L'hyménium représente un disque plat, mais fuligineux, formé de nombreuses thèques, renfermant de 4 à 8 spores ovales, qui se répandent tout à l'entour comme une poussière noire.

Extérieurement, le champignon est brunâtre, velu et marqué de quelques zones parallèles; chair gélatineuse, coriace, noire, de saveur mucilagineuse, puis légèrement piquante et comme un peu marécageuse: ce qui en fait un comestible de peu de valeur.

La Bulgarie pousse abondamment sur les chênes malades et surtout abattus.

—Planche 62—

Sur les troncs abattus, chêne, hêtre—Été, automne

Bulgarie salissante—Bulgaria inquinans

Comestible peu estimé

Pézize orangée.—Peziza aurantia.

Ce joli champignon ne peut échapper aux regards du plus distrait des mycologues, à cause de sa couleur vive et voyante, et aussi parce qu'il vient généralement en grand nombre là où il se plaît.

La Pézize orangée débute tout d'abord par une très petite surface, qui gagne rapidement et finit par acquérir une largeur de 3 à 5 centimètres. De régulière qu'elle était et appliquée sur le sol, elle se contourne plus ou moins d'une façon capricieuse et montre des bords sinués, ondulés.

Extérieurement et intérieurement, elle est rouge orangé.

L'hyménium, qui est un peu plus foncé, occupe la partie interne de la coupe, il est formé, comme dans tous les discomycètes, de thèques contenant 8 spores, elliptiques réticulées.

De même qu'avec les pézizes de grande dimension, on peut très bien, avec la Pézize orangée, constater la projection des spores sous forme d'un petit nuage.

On la trouve à l'automne et commencement de l'hiver, dans les bois, les chemins frais, et surtout là où la terre a été battue, et c'est merveille de voir ces multiples champignons rivaliser d'intensité, de coloris et de formes.

Elle est si jolie et si abondante, et, disons-le, si propre, que l'on peut bien se risquer à la manger, car elle est comestible.

Voici la recette qui nous a été communiquée:

Il suffit, après les avoir bien nettoyées, de les préparer au sucre avec un peu de kirsch; ce serait excellent.

—Planche 63—

Sur la terre humide—Automne, hiver

Pézize orangée—Peziza aurantia

Comestible

Xylaire hypoxyle.—Xylaria hypoxylon.

La Xylaire hypoxyle est totalement différente d'aspect de la suivante; elle est aussi plus commune, et beaucoup l'ont foulée aux pieds sans avoir pris la peine de l'examiner.

On dirait de petits arbuscules qui se pressent sur un chicot d'arbre, coupé près du sol: ils sont souvent très nombreux, et si l'on tente de les cueillir, on éprouve une assez grande résistance, et l'on remarque que les doigts sont imprégnés d'une poussière blanche.

Si nous examinons l'un quelconque de ces arbres en miniature, nous constaterons une base unique fortement implantée sur le bois nourricier; puis ce rameau se renfle un peu et nous offre l'aspect ruguleux mentionné dans la Xylaire polymorphe, et si dans ce renflement nous faisons une section, nous y retrouvons les périthèces, les asques et les spores.

Plus haut, le rameau change d'aspect, il se rétrécit, s'aplatit, se bifurque ou même se trifurque en donnant lieu à des rameaux plats pouvant eux-mêmes se diviser à nouveau. Ces rameaux sont blancs, et ce sont eux qui nous ont taché les doigts tout à l'heure. Cette poussière blanche est formée de spores très petites, rondes, ce sont des conidies, qui répondent à un autre mode de reproduction.

Voir page 65 la description de la Xylaire polymorphe.

—Planche 64—

Sur les souches—Toute l'année

Xylaire polymorphe — Xylaria polymorpha (bas)

Xylaire hypoxyle — Xylaria hypoxylon (haut)

Non comestibles

Xylaire polymorphe.—Xylaria polymorpha.

Le botaniste qui rencontre pour la première fois cette singulière production a peine à croire qu'il se trouve en présence d'un champignon.

Figurez-vous, sur une souche plus ou moins décomposée, une masse noirâtre résultant d'un assemblage de tubercules irréguliers, digités ou spatules; les uns sont renflés, bosselés, contournés et terminés par une sorte de pied court, beaucoup plus mince, d'autres sont plus allongés, ovoïdes ou digités, également pédicellés; mais tous présentent la même teinte brune noirâtre et une surface rugueuse. Si l'on fait une section longitudinale de l'un d'eux, on trouve que ces clavules sont remplies d'une chair blanche assez tendre et comme un peu veinée. En examinant la coupe avec plus d'attention, on remarque sur toute la périphérie de la section, de petits points brunâtres régulièrement disposés. Ce sont autant de périthèces ou conceptacles qui renferment les organes de la reproduction.

Chaque périthèce ou conceptacle contient de nombreuses thèques à 8 spores ovales ou arrondies.

Le nom de polymorphe lui vient de la diversité des formes que peut affecter ce champignon, que l'on trouve toute l'année sur les souches en voie de décomposition.

Non vénéneux, mais non comestible en raison de sa constitution. Il fait partie, comme le précédent, du groupe des Pyrénomycètes.

PARTIE II
Généralités

CHAPITRE I
Classification des champignons.

Dans le premier volume du *Nouvel Atlas des Champignons* comestibles et vénéneux, nous avons envisagé la classification des champignons d'une façon un peu sommaire, aussi croyons-nous utile d'y revenir aujourd'hui.

Nous diviserons l'immense classe des champignons en 5 groupes, qui sont:

I.—Les *Basidiomycètes*, qui comprennent les champignons dont les organes reproducteurs (spores) sont placés sur des basides bien conformées et persistantes, comme dans les Agarics, les Bolets, les Hydnes, etc. (Voir fig. 1 et tableau II.)

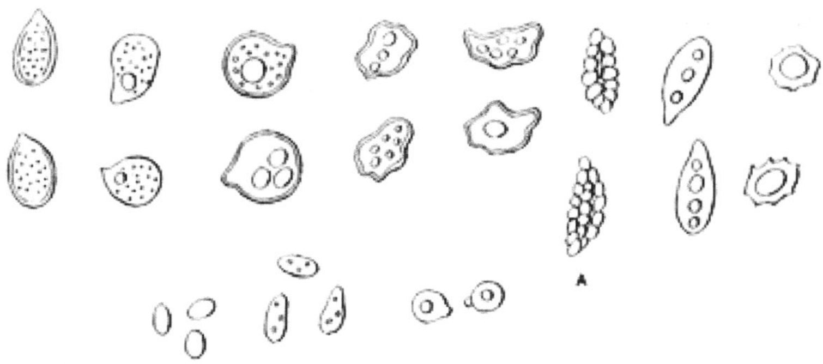

FIG. 1.

II.—Les *Ascomycètes*, dont les organes reproducteurs sont constitués par des asques (ou thèques) renfermant les spores à leur intérieur, comme dans les Pézizes, les Truffes, etc. (Voir fig. 2 et tableau III.)

III.—Les *Phycomycètes*, qui n'ont ni asques ni basides; qui de plus sont souvent parasites sur les plantes ou les animaux vivants et dont le mycélium est unicellulaire, comme dans les Péronosporées. (Voir tabl. IV.)

IV.—Les *Myxomycètes*, qui n'ont ni asques ni basides, qui ne sont jamais parasites sur les plantes vivantes ou sur les animaux et dont la substance est amiboïde (c'est-à-dire mobile et susceptible de changer de forme). Ex. Les fleurs de tan.

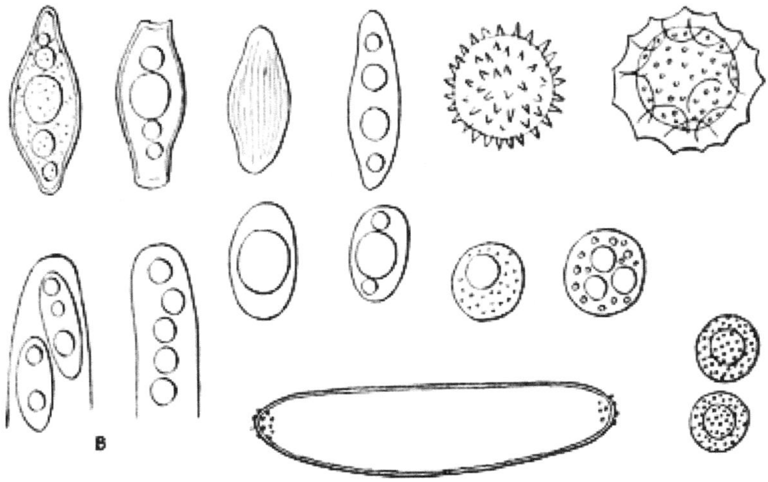

FIG. 2.

V. Les *Deutéromycètes*, qui sont des champignons imparfaits ou inférieurs: ils représentent des états transitoires d'autres champignons plus élevés en organisation. Ils peuvent avoir des organes analogues aux périthèces, mais pas d'asques, et leur mycélium n'est pas unicellulaire: on les trouve le plus souvent sur les feuilles, le bois, où ils forment des taches bien visibles et très limitées. Ex. Les Septoria, les Phoma, etc. (Voir tableau VI.)

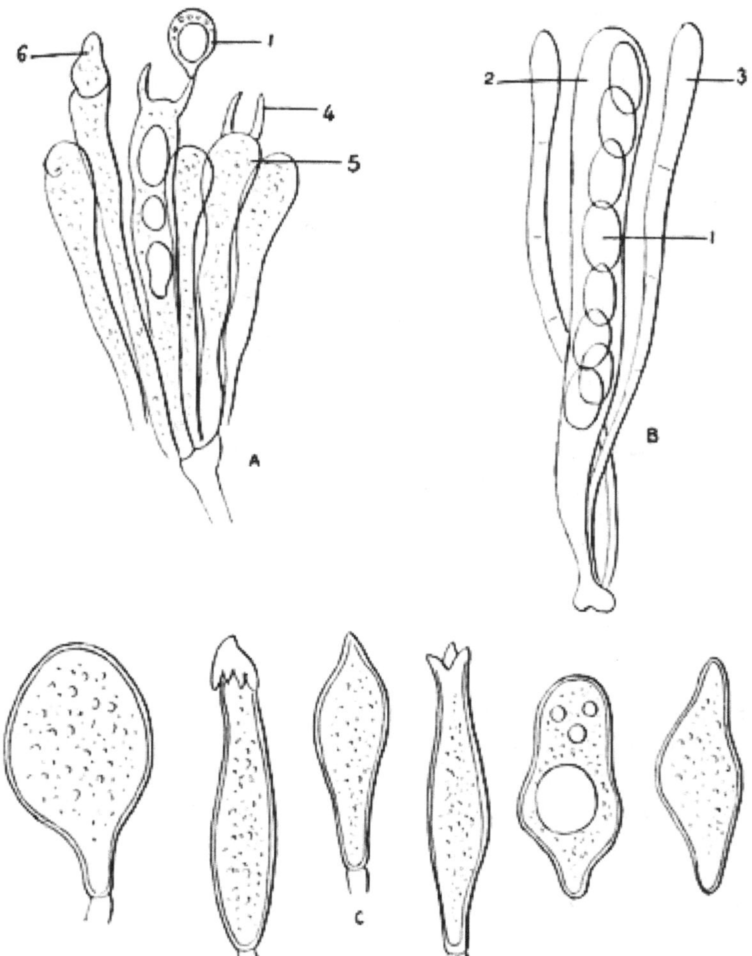

FIG. 3.

Si nous examinons chaque groupe en particulier, nous verrons qu'ils peuvent se subdiviser à leur tour en sous-groupes, qui seront susceptibles eux-mêmes de former des ensembles plus circonscrits, que nous nommerons familles. Puis ces familles seront le résultat de la réunion d'un certain nombre de genres, lesquels renfermeront les espèces. Le tableau I résume les principaux caractères de ces groupes.

Nous examinerons tout premièrement les *Basidiomycètes*, et nous verrons dans le tableau II, que ce groupe comprend les Hyménomycètes, les Gastéromycètes, les Ustilaginées et les Urédinées.

Si nous agissons de même pour ces sous-groupes, nous verrons que les Hyménomycètes renferment les familles ci-après désignées: les Agaricinées, les Polyporées, les Hydnées, les Téléphorées, les Clavariées, les Auriculariées ou Trémellinées. (Voir tableau II.)

Nous verrons également que les Gastéromycètes, qui diffèrent des Hyménomycètes en ce que leur hyménium est renfermé à l'intérieur du champignon, comprennent les Phalloïdées, les Nidulariées, les Lycoperdacées, les Hyménogastrées (Voir tableau II.)

Quant aux Ustilaginées et aux Urédinées, dont les spores sont disposées à l'extrémité de cellules analogues aux basides, elles n'ont pas été subdivisées en familles, ou plutôt, ce sont des groupes qui portent également le nom de familles, et elles comprennent un très grand nombre de genres qu'il nous est impossible de citer. Nous nous contenterons de rappeler que certains de ces champignons sont bien connus, surtout des agriculteurs et des horticulteurs, à cause des dommages qu'ils leur causent. En effet, la carie des céréales est due à une Ustilaginée, et les nombreuses rouilles qui s'attaquent aux organes verts des végétaux font partie des Urédinées.

Le deuxième groupe, celui des *Ascomycètes*, se divise en 4 sous-groupes, qui sont (Voir tableau III.):

Les Pyrénomycètes, qui sont légion et qui, examinés superficiellement, se présentent à nous sous forme d'agglomérations noires comme du charbon et incrustant les végétaux ou affectant les formes les plus bizarres. Si l'on examine au microscope une section transversale mince de ces champignons, on y trouve une quantité de petites loges en forme d'urnes, lesquelles renferment de nombreuses thèques (ou asques) à 8 spores généralement, ce sont des périthèces. (Voir tableau III.)

Les Tubéromycètes sont des champignons généralement charnus ou coriaces, affectant la forme de tubercules non carbonacés, et se développant le plus souvent dans le sol, sur les racines ou les radicelles des arbres. De là le nom de champignons hypogés qui leur a été donné. Dans ce sous-groupe, les thèques ne sont pas allongées comme dans les autres sous-groupes des Ascomycètes, mais elles sont courtes et volumineuses et elles renferment, non plus 8 spores, mais de 1 à 8. Ce sous-groupe a été subdivisé en plusieurs familles, parmi lesquelles nous citerons celle des Tubéracées, qui renferme comme genres principaux, les *Elaphomyces*, les *Genea*, *Balsamia*, *Tuber*, *Chæromyces*, *Terfezia*, etc. Les plus connus sont les *Elaphomyces*, que l'on trouve à peine enterrés sous la mousse, et que l'on nomme vulgairement Truffes des cerfs, et surtout les différentes espèces de Truffes qui font l'objet d'un commerce important. (Voir tableau XIV.)

Les Discomycètes (champignons en forme de disque) sont fort nombreux, mais il ne faudrait pas croire qu'ils ont tous cette forme caractéristique d'un disque ou d'une coupe, bien loin de là, mais tous ont une consistance charnue ou à peine coriace et nullement carbonacée, ce qui les distingue des Pyrénomycètes. Ils ne se développent pas sous terre comme les Tubéromycètes, et ne sont pas parasites comme les Gymnomycètes, enfin, ils ont des thèques à 8 spores, quelquefois davantage, et des paraphyses. (Voir tableau XV.) (Voir fig. 2.)

Les Gymnomycètes sont des champignons parasites qui n'ont pas de réceptacle proprement dit, d'où leur nom de Gymnomycètes (champignons nus). Ils se différencient des Pyrénomycètes par l'absence de périthèces; ils ne se développent pas sous terre comme les Tubéromycètes et manquent de paraphyses, qui existent dans les Discomycètes. (Voir tableau III.)

Le troisième groupe, celui des *Phycomycètes*, se divise en 5 familles.

Les Phycomycètes sont des champignons d'une organisation très simple et qui ne ressemblent en rien à ceux que nous avons étudiés jusqu'ici. Ils sont d'une très grande ténuité, et leur mycélium, qui n'est jamais compact, se compose essentiellement de filaments non cloisonnés, caractère qui ne se retrouve pas dans les autres groupes. Ils se développent, soit dans l'air, soit dans l'eau et sont parasites ou saprophytes sur les végétaux ou les animaux. A première vue, on les reconnaîtra à leur aspect blanchâtre, filamenteux et formant comme une efflorescence blanche ou comme une agglomération de filaments blancs qui ne sont visibles à l'œil que par leur grand nombre; aussi est-il nécessaire de recourir au microscope pour s'assurer que l'on est bien en présence d'un champignon de ce groupe.

On a divisé les Phycomycètes en plusieurs familles, qui sont:

Les Mucoracées sont des champignons vivant à l'air, qui prennent naissance sur des substances avariées ou en voie de décomposition. Nos aliments sont souvent attaqués par des Mucoracées. Leur mycélium donne naissance à des filaments dressés (hyphes) qui portent des sporanges renfermant de nombreuses spores. Ces champignons ont plusieurs modes de reproduction.

On peut se procurer facilement une forêt de Mucoracées en mettant sous une cloche du crottin frais de cheval.

Les Entomophthorées sont des champignons aériens qui se développent surtout sur les insectes. Le mycélium prend naissance dans le corps de l'animal, qu'il tue, et lorsqu'il est mort, les filaments fructifères sortent à l'extérieur et se couvrent de spores appelées conidies; plus rarement, on les trouve sur les plantes.

Tout le monde a pu remarquer que vers la fin de l'année, les mouches domestiques se collent en grand nombre aux murs ou sur les vitres, où elles meurent; si on les examine d'un peu près, on voit qu'elles sont recouvertes d'une efflorescence blanche due à un champignon de cette famille, l'*Empusa muscæ.*

Les Chytridiées sont des champignons qui vivent soit sur les plantes dans l'air, soit sur les algues dans l'eau, ou encore sur les infusoires. Le mycélium, très peu développé, ne donne pas lieu à des filaments (hyphes) fertiles et les zoosporanges se développent presque à nu.

Les Saprolégniées sont des champignons qui vivent dans l'eau sur les poissons, les insectes, les plantes. Le mycélium donne lieu à des filaments fructifères (hyphes) qui portent des zoosporanges. On les reconnaît à première vue aux lésions qu'ils déterminent sur leurs hôtes nourriciers. Ils ont plusieurs modes de reproduction.

Les Péronosporées sont des champignons aériens qui vivent sur les feuilles des plantes et en général sur les organes charnus. Le mycélium donne lieu à des filaments fructifères qui produisent des conidies. Ils ont plusieurs modes de reproduction.

Certaines des maladies qui attaquent la vigne, les pommes de terre, etc., sont causées par des Péronosporées.

(Voir tableau IV pour la détermination des familles des Phycomycètes.)

Le quatrième groupe est celui des Myxomycètes.

Les *Myxomycètes* sont des champignons qui vivent en saprophytes sur les matières organiques d'origine végétale; ils sont constitués par un plasmode (matière constitutive du champignon) quelquefois très développé et formé par une matière mucilagineuse susceptible de se déplacer et de prendre des formes diverses. D'autres fois, le plasmode est très réduit, affecte les formes les plus curieuses, et est doué souvent d'un coloris très vif. Ils sont pourvus de spores ordinairement rondes, riches en protoplasma, mais ils n'ont pas de zoospores (spores munies de cils et susceptibles de se mouvoir).

A côté des Myxomycètes, on peut, pour ceux qui les considèrent comme des végétaux, placer les Monadinées, qui vivent dans l'eau, en parasites, sur les plantes et sur les animaux aquatiques. Ils manquent de plasmode et donnent lieu à des zoospores ciliés.

Le cinquième groupe est celui des Deutéromycètes.

Les *Deutéromycètes* sont, comme nous l'avons dit plus haut, des champignons imparfaits; ils sont destinés à se retrouver à un moment donné sous une forme plus perfectionnée, mais il s'en faut que cette forme plus élevée en organisation soit connue pour tous, et l'on ne peut, dans bien des cas, que faire des suppositions.

Les Deutéromycètes peuvent se diviser en 3 sous-groupes, d'après la consistance et la forme de l'appareil fructifère et du stroma.

Ces sous-groupes sont:

I.—Les Sphéropsidées, champignons microscopiques ayant un périthèce, que l'on nomme souvent pycnide, mais pas d'asques; les spores sont renfermées dans le périthèce, et elles naissent à l'extrémité de basides plus ou moins bien constituées. On a divisé les Sphéropsidées en 4 familles, qui sont: les Sphérioïdées, les Nectrioïdées, les Leptostromées, les Excipulées. Nous en reparlerons plus loin. (Voir tableau VI.)

II.—Les Mélanconiées, champignons microscopiques, n'ayant ni périthèces ni asques; ce sont le plus souvent des amas superficiels ou à peu près, généralement de consistance molle et de couleur peu foncée ou claire, mais non carbonacés. Les spores naissent sur des basides plus ou moins visibles et de formes variées. Ce sous-groupe ne comporte qu'une famille. (Voir tabl. VI.)

III.—Les Hyphomycètes, champignons microscopiques, n'ayant ni périthèces ni asques; ils sont tout à fait superficiels sur la plante nourricière, et manquent de stroma proprement dit; rarement ils vivent en parasites sur les insectes. Les spores naissent librement à l'extrémité de filaments généralement bien développés, auxquels on a donné le nom d'hyphes. Ce groupe renferme 4 familles: les Mucédinées, les Dématiées, les Stilbées, les Tuberculariées, que nous décrirons plus loin. (Voir tableau VI.)

Les Sphérioïdées sont des champignons microscopiques munis d'un périthèce, mais ils manquent d'asques; ils ont à leur intérieur des sortes de basides donnant naissance à des spores très petites (qui ont été appelées stylospores ou spermaties). Les périthèces sont noirs, coriaces, en forme de poires et munis à leur sommet d'un orifice par où sortent les spores. On les trouve surtout sur les feuilles, les bois morts ou mourants. Nous citerons, comme exemples de Sphérioïdées, les *Phoma*, *Diplodia*, *Sphæropsis*, etc.

Les Nectrioïdées, champignons microscopiques, charnus, ayant un mycélium (stroma peu abondant), munis de périthèces globuleux de couleur claire, et non noirs, comme dans les Sphérioïdées.

Les Leptostromées sont des champignons microscopiques membraneux ou carbonacés, noirs, se développant sur les feuilles, les tiges ou les bois malades ou morts. Dans ces champignons, les périthèces sont plus ou moins fendus, et au lieu d'être globuleux, ils ont plutôt la forme d'un écusson.

Les Excipulées sont des champignons microscopiques membraneux ou carbonacés, noirs, se développant à la surface des feuilles ou sur les bois malades ou morts. Leurs périthèces ont plus ou moins la forme d'une cupule ou d'un fuseau.

Les Mélanconiées sont des champignons microscopiques dépourvus de périthèces; ils forment de petits amas mous, de couleur pâle ou grisâtre, donnent des spores (conidies) qui se développent sur des basides rudimentaires et de formes variées, et végètent sur les feuilles, les bois.

Les familles des Hyphomycètes sont:

Les Mucédinées, champignons formés de filaments pâles ou peu colorés, disparaissant de bonne heure; les hyphes sont peu serrés et portent des spores (conidies) incolores ou peu colorées. Comme exemples de Mucédinées, nous pourrons citer les *Oospora*, les *Penicillium*, qui envahissent nos fruits, le pain humide et en général toutes les substances organiques d'origine végétale.

Les Dématiées, champignons formés de filaments assez foncés ou noirs, fermes, peu serrés et persistant longtemps; ils ont des spores (conidies) noires, rarement hyalines.

Les Stilbées, champignons qui diffèrent des Dématiées en ce que leurs filaments fertiles sont persistants, brunâtres ou pâles et intimement réunis en une sorte de faisceau; ils portent des conidies incolores ou pâles.

Les Tuberculariées, champignons assez petits, charnus, formant un stroma qui se développe surtout sur les feuilles, les bois, en voie de décomposition. Les filaments fructifères sont agglomérés et donnent lieu à des conidies de formes très différentes, incolores ou brunes.

(Voir tableau VI pour la détermination des familles.)

Liste des tableaux de détermination des champignons, en groupes, familles et genres.

I. Tableau de détermination des groupes de champignons.

II. Tableau de détermination des principales familles des Basidiomycètes.

III. Tableau de détermination des Ascomycètes.

IV. Tableau de détermination des principales familles des Phycomycètes.

V. Pas de tableau de détermination des Myxomycètes.

VI. Tableau de détermination des principales familles des Deutéromycètes (champignons imparfaits).

VII. Tableau de détermination des genres d'Agaricinées.

VIII. Tableau de détermination des genres des Polyporées.

IX. Tableau de détermination des genres d'Hydnées.

X. Tableau de détermination des genres des Théléphorées.

XI. Tableau de détermination des genres des Clavariées.

XII. Tableau de détermination des genres des Auriculariées.

XIII. Tableau de détermination des genres des Gastéromycètes.

XIV. Tableau de détermination des principaux genres des Tubéracées.

XV. Tableau de détermination des principaux genres des Discomycètes.

TABLEAU I

Détermination des groupes des champignons.

A. Champignons microscopiques parasites sur les animaux ou les végétaux et ayant un mycélium unicellulaire. **Phycomycètes.**

A. Mycélium pluricellulaire:

B. Hyménium formé par des asques. **Ascomycètes.**

B. Pas d'asques:

C. Hyménium comportant des basides bien conformées et persistantes. **Basidiomycètes.**

C. Pas de basides ou basides rudimentaires:

D. Champignons non parasites, à trame plus ou moins mobile (amiboïde) à un moment donné. **Myxomycètes.**

D. Champignons parasites sur les végétaux, avec ou sans périthèces, et à trame cellulaire. **Deutéromycètes.**

TABLEAU II

Basidiomycètes, détermination des familles.

A. Champignons produisant leurs spores en dehors du support où ils prennent naissance:

B. Hyménium visible à l'extérieur du réceptacle (Hyménomycètes):

C. Hyménium non continu tourné vers le sol (infère):

D. Hyménium disposé en lames rayonnantes. **Agaricinées.**

D. Hyménium affectant la forme de tubes ou de pores. **Polyporées.**

D. Hyménium muni de pointes ou de protubérances variées. **Hydnées.**

C. Hyménium continu tourné vers le ciel (supère):

E. Champignons de consistance coriace. **Théléphorées.**

E. Champignons charnus ou à peine coriaces, dressés, souvent ramifiés. **Clavariées.**

E. Champignons gélatineux ou gélatineux coriaces, globuleux ou versiformes. **Auriculariées (Trémellinées).**

B. Hyménium caché à l'intérieur du réceptacle (Gastéromycètes):

F. Champignons charnus mous sortant d'une volve. **Phalloïdées.**

F. Champignons de consistance diverse, n'ayant pas de volve:

G. Champignons aériens, coriaces, cupulés d'abord clos, puis ouverts. **Nidulariées.**

G. Champignons aériens, charnus ou charnus-coriaces plus ou moins sphéroïdes. **Lycoperdacées.**

G. Champignons poussant sous terre (hypogés) de consistance ferme, et de forme tuberculeuse. **Hyménogastrées.**

A. Champignons produisant leurs spores à l'intérieur de la plante nourricière:

H. Champignons non érumpents, se développant surtout sur les organes floraux, et ayant un mycélium très fugace; ils ne présentent pas de formes secondaires. **Ustilaginées.**

H. Champignons se développant de préférence sur les organes végétatifs des végétaux, et devenant érumpents: ils ont généralement plusieurs formes secondaires. **Urédinées.**

TABLEAU III

Ascomycètes, détermination des sous-groupes.

A. Asques renfermés dans un périthèce qui s'ouvre à l'extérieur. Champignons aériens souvent noirs et comme carbonacés. **Pyrénomycètes.**

A. Asques non renfermés dans un périthèce. Champignons non carbonacés:

B. Champignons se développant sous terre (hypogés) et ayant la forme de tubercules arrondis. **Tubéromycètes (Tubéracées).**

B. Champignons non hypogés, non en forme de tubercules arrondis:

C. Réceptacle parfois très développé, ayant souvent la forme d'un disque; asques et paraphyses serrés dans le tissu. **Discomycètes.**

C. Pas de réceptacle proprement dit, mais un tissu (stroma) en contact intime avec la substance nourricière; asques presque libres sans paraphyses. (Nous n'en parlerons pas autrement.) **Gymnomycètes.**

TABLEAU IV

Phycomycètes, détermination des familles.

A. Mycélium nul ou très peu développé. **Chytridiées.**

A. Mycélium bien développé:

B. Champignons aériens:

C. Champignons se développant sur les substances végétales en voie de décomposition. **Mucoracées.**

C. Champignons se développant sur les insectes vivants, qu'ils tuent. **Entomophthorées.**

C. Champignons se développant sur les plantes vivantes et en général sur les parties vertes et charnues. **Péronosporées.**

B. Champignons vivant dans l'eau et se développant sur les poissons, insectes et plantes aquatiques. **Saprolégniées.**

TABLEAU V

Les Myxomycètes s'éloignant du cadre de nos études, nous ne donnerons pas, pour ce groupe, de tableau de détermination.

TABLEAU VI

Deutéromycètes (Champignons inférieurs), détermination des familles.

A. Champignons ayant des périthèces renfermant les spores. (Sphéropsidées.):

B. Champignons charnus, de couleur claire. **Nectrioïdées.**

B. Champignons coriaces, membraneux, noirs:

C. Périthèces piriformes ayant un orifice au sommet. **Sphérioïdées.**

C. Périthèces en écusson et plus ou moins fendus longitudinalement. **Leptostromées, Excipulées.**

A. Champignons n'ayant pas de périthèces:

D. Champignons tout à fait superficiels constitués par des filaments mycéliens libres ou cohérents. (Hyphomycètes.):

E. Filaments libres ou peu serrés:

F. Filaments grêles, pâles ou peu colorés, disparaissant de bonne heure. **Mucédinées.**

F. Filaments assez rigides, foncés ou noirs, persistants. **Dematiées.**

E. Filaments agglomérés:

G. Filaments pâles ou brunâtres réunis en faisceau. **Stilbées.**

G. Filaments réunis en une masse compacte (stroma) s'étalant sur le support. **Tuberculariées.**

D. Champignons sous-cutanés (se développant d'abord sous l'écorce), puis érumpents, charnus. (Mélanconiées.) **Mélanconiées.**

TABLEAU VII

Agaricinées, détermination des genres.

Leucosporées ou à spores blanches.

A. Champignons pourvus d'une volve, plus ou moins visible au pied ou sur le chapeau. **Amanita.**

A. Champignons dépourvus d'une volve:

B. Pied orné d'un collier bien constitué:

C. Chair du chapeau non continue avec celle du pied, feuillets libres. **Lepiota.**

C. Chair du chapeau continue avec celle du pied, feuillets adhérents ou décurrents. **Armillaria.**

B. Collier nul ou filamenteux:

D. Feuillets et chair laissant écouler un lait de couleur variée. **Lactarius.**

D. Pas de lait:

E. Feuillets épais, semblables à des bourrelets, rameux et décurrents. **Cantharellus.**

E. Feuillets minces sur la tranche et plus ou moins larges:

F. Pied central:

G. Champignons non putrescents (c'est-à-dire se desséchant sans pourrir). **Marasmius.**

G. Espèces putrescentes:

H. Pied coriace cartilagineux au moins extérieurement:

I. Feuillets décurrents, espèces plutôt petites. **Omphalia.**

I. Feuillets non décurrents:

J. Chapeau mince, ordinairement strié, non enroulé; feuillets sinués. **Mycena.**

J. Chapeau consistant, rarement strié, d'abord enroulé; feuillets adhérents. **Collybia.**

H. Pied charnu ou fibreux mais non cartilagineux:

K. Feuillets sinués ou échancrés. **Tricholoma.**

K. Feuillets adhérents ou décurrents:

L. Feuillets égaux ou presque, souvent fourchus, spores verruqueuses. **Russula.**

L. Feuillets inégaux, spores lisses:

M. Feuillets assez épais souvent veineux, chair granuleuse. **Hygrophorus.**

M. Feuillets minces souvent décurrents, chair fine. **Clytocybe.**

F. Pied excentrique ou nul:

N. Espèces putrescentes. **Pleurotus.**

N. Espèces non putrescentes:

O. Feuillets fendus sur l'arête, et formant gouttière, disposés en éventail. **Schizophyllum.**

O. Feuillets non fendus:

P. Champignons de consistance ligneuse, feuillets souvent anastomosés. **Lenzites.**

P. Champignons coriaces mais non ligneux:

Q. Feuillets entiers. **Panus.**

Q. Feuillets déchiquetés sur l'arête. **Lentinus.**

Rhodosporées ou à spores roses.

A. Champignons présentant une volve à la base et quelquefois un collier. **Volvaria.**

A. Pas de volve:

B. Pied excentrique ou nul. **Claudopus.**

B. Pied central:

C. Champignons munis d'un collier. **Annularia.**

C. Pas de collier:

D. Feuillets décurrents, chair du chapeau se continuant avec celle du pied. **Clitopilus.**

D. Feuillets libres, sinués ou échancrés:

E. Espèces lignicoles; pied distinct du chapeau, feuillets libres. **Pluteus.**

E. Espèces terrestres; chair du chapeau se continuant avec celle du pied, feuillets sinués ou échancrés, libres ou adnés. **Entoloma.**

Ochrosporées ou à spores couleur rouille.

A. Pied orné d'un collier filamenteux ou aranéeux (semblable à de la toile d'araignée). **Cortinarius.**

A. Pied orné d'un collier membraneux. **Pholiota.**

A. Pied sans collier:

B. Pied non central ou nul, espèce poussant sur le bois. **Crepidotus.**

B. Pied central ou rarement excentrique:

C. Pied charnu ou fibreux charnu:

D. Feuillets sinués:

E. Chapeau sec, fibrilleux ou soyeux. **Inocybe.**

E. Chapeau glabre, plus ou moins visqueux. **Hebeloma.**

D. Feuillets adhérents ou décurrents:

F. Feuillets facilement séparables du chapeau, réunis à la base. **Paxillus.**

F. Feuillets non séparables, non réunis entre eux à la base, espèces non terrestres. **Flammula.**

C. Pied plus ou moins cartilagineux:

G. Feuillets assez décurrents, presque triangulaires. **Tubaria.**

G. Feuillets non décurrents:

H. Chapeau arrondi, à bords primitivement infléchis; pied plus ou moins long. **Naucoria.**

H. Chapeau conique à bords primitivement droits; pied toujours très long. **Galera.**

Mélanosporées ou à spores noires.

A. Feuillets liquescents ou diffluents:

B. Feuillets et spores bruns pourpres non franchement noirs. **Bolbitius.**

B. Feuillets et spores noirs. **Coprinus.**

A. Feuillets secs ou presque:

C. Collier aranéeux fugace, restant adhérent au chapeau sous forme de franges. **Hypholoma.**

C. Collier consistant, membraneux et persistant:

D. Feuillets adnés (collés au pied). **Stropharia.**

D. Feuillets libres. **Pratella.**

C. Collier nul:

E. Feuillets décurrents, chapeau charnu, spores fusiformes, chapeau en toupie. **Gomphidius.**

E. Feuillets non décurrents, spores non fusiformes:

F. Pied un peu cartilagineux:

G. Bords du chapeau d'abord recourbés. **Psilocybe.**

G. Bords du chapeau d'abord appliqués droits. **Psathyra.**

F. Pied simplement fibreux:

H. Chapeau membraneux strié. **Psathyrella.**

H. Chapeau un peu charnu. **Panœolus.**

TABLEAU VIII

Polyporées, détermination des genres.

A. Tubes pouvant aisément se séparer les uns des autres:

B. Tubes adhérents entre eux dès le début, à orifice non frangé. **Boletus.**

B. Tubes libres au début, à orifice frangé. **Fistulina.**

A. Tubes ne se séparant pas les uns des autres sans rupture manifeste:

C. Espèces rameuses ou naissant d'une même souche. **Merisma.**

C. Espèces non rameuses:

D. Champignons étalés, adhérents au support, et munis, à leur partie extérieure, de rides superficielles, plutôt que de tubes. **Merulius.**

D. Champignons munis de tubes bien conformés:

E. Tubes pénétrant plus ou moins dans la chair du champignon:

F. Pores flexueux labyrinthiformes. **Dedalea.**

F. Pores arrondis ou allongés, mais non flexueux. **Trametes.**

E. Tubes ne pénétrant pas dans la chair du chapeau et formant une couche bien distincte:

G. Champignons formant une lame étalée adhérente au support. **Physisporus (Poria).**

G. Champignons ne formant pas une lame étalée adhérente au support:

H. Tubes disposés en deux ou plusieurs couches distinctes. **Fomes.**

H. Une seule couche de tubes:

I. Pores grands, réguliers et anguleux comme les alvéoles des abeilles. **Hexagona.**

I. Pores grands, radiants, anguleux, mais non réguliers. **Favolus.**

I. Pores petits ou très petits, généralement arrondis ou un peu irréguliers. **Polyporus.**

TABLEAU IX

Hydnées, détermination des genres.

A. Hyménium sous forme de pointes coniques régulièrement disposées, libres à la base, espèces souvent charnues, terrestres, plus rarement lignicoles. **Hydnum.**

A. Hyménium sous forme de dents plates, de papilles, de tubercules ou granules irréguliers. Espèces poussant de préférence sur le bois:

B. Hyménium présentant des dents ou des lames:

C. Champignons charnus, à lames libres à la base, flexueuses ou irrégulièrement disposées, pouvant se séparer du tissu sous-jacent. **Sistostrema.**

C. Champignons coriaces, à dents soudées à la base, non séparables. **Irpex.**

B. Hyménium présentant des tubercules, granules ou verrues:

D. Champignons membraneux, non charnus, filamenteux à leur pourtour ou sur les verrues. **Odontia.**

D. Champignons membraneux, charnus, céracés:

E. Hyménium formant des veines ou des rides. **Phlebia.**

E. Hyménium formant des tubercules allongés. **Radulum.**

E. Hyménium formant des tubercules ou plutôt des granules sphériques. **Grandinia.**

TABLEAU X

Théléphorées, détermination des genres.

A. Champignons ayant la forme de cupule ou de disque. **Cyphella.**

A. Champignons non en cupule ou en disque:

B. Champignons en forme de tube, ou de cônes déprimés, ressemblant aux Cantharellus. **Craterellus.**

B. Champignons non en forme de tube ou de cônes déprimés:

C. Hyménium se fendillant par le sec, non distinct du mycélium et se présentant sous forme de lame mince adhérente au support. **Corticium.**

C. Hyménium distinct du mycélium, ne se crevassant pas par le sec:

D. Champignons sans cuticule, ramifiés, rarement membraneux ou résupinés. **Thelephora.**

D. Champignons membraneux ayant une cuticule. **Stereum.**

TABLEAU XI

Clavariées, détermination des genres.

A. Champignons très ramifiés, à rameaux aplatis, fertiles sur les deux faces. **Sparassis.**

A. Champignons simples ou ramifiés, mais à rameaux non aplatis:

B. Partie fructifère normalement plus grosse que le reste:

C. Masse fructifère cylindracée. **Typhula.**

C. Masse fructifère ventrue. **Pistillaria.**

B. Partie fructifère non renflée, sauf dans Clavaria pistillaris:

D. Champignons filiformes. **Pterula.**

D. Champignons non filiformes:

E. Champignons plus ou moins visqueux, cartilagineux, cornés étant secs. **Calocera.**

E. Champignons charnus, non visqueux. **Clavaria.**

TABLEAU XII

Auriculariées, détermination des genres.

A. Hyménium infère, c'est-à-dire tourné vers le sol:

B. Champignons plus larges que hauts, confluents; hyménium plissé. **Auricularia.**

B. Champignons plus hauts que larges, versiformes ou spatulés; hyménium non plissé. **Gyrocephalus (Guepinia).**

A. Hyménium supère ou réparti sur la surface du champignon:

C. Hyménium localisé sur une partie nettement caractérisée:

D. Réceptacle membraneux, mince, cupuliforme. **Hirneola.**

D. Réceptacle en forme de disque ou de membrane épaisse. **Exidia.**

C. Hyménium réparti sur toute la surface du champignon:

E. Champignons mous, gélatineux, tremblotants, plissés, ondulés, souvent grands. **Tremella.**

E. Champignons gélatineux, non tremblotants, en forme de petits tubercules érumpants, et de petites dimensions. **Dacrymyces.**

TABLEAU XIII

Gastéromycètes, détermination des genres.

A. Champignons charnus, mous, sortant d'une volve (Phalloïdées):

B. Réceptacle non en réseau, longuement pédicellé; pulpe sporifère extérieure au réceptacle. **Phallus (Mutinus).**

B. Réceptacle en réseau, sessile ou légèrement pédicellé; pulpe sporifère intérieure au réceptacle:

C. Réceptacle pédicellé. **Colus.**

C. Réceptacle non pédicellé. **Clathrus.**

A. Champignons dépourvus de volve, coriaces, en forme de capsules ou d'urnes, d'abord clos, puis ouverts, renfermant des sporangioles (amas de spores) (Nidulariées):

D. Péridium (nom que l'on donne au réceptacle fructifère) simple:

E. Un seul sporangiole dans chaque péridium. **Thelebolus (Dacryobolus).**

E. Plusieurs sporangioles dans chaque péridium:

F. Péridium muni d'un opercule caduc:

G. Péridium formé de trois couches. **Cyathus.**

G. Péridium n'ayant qu'une seule couche. **Crucibulum.**

F. Péridium clos mais sans opercule. **Nidularia.**

D. Péridium double. **Sphærobolus.**

A. Champignons dépourvus de volve, charnus ou charnus coriaces, de forme plus ou moins sphéroïde, se développant sur terre (Lycoperdacées):

H. Péridium ayant une columelle centrale. **Podaxon.**

H. Péridium, sans columelle, formé de deux membranes (Diplodermées):

I. Péridium muni d'un pied:

J. Péridium s'ouvrant à la maturité. **Tulostoma.**

J. Péridium ne s'ouvrant pas à la maturité. **Queletia.**

I. Péridium dépourvu de pied (sessile). **Geaster.**

K. Péridium sans columelle, à une seule membrane mince (Lycoperdées):

L. Péridium pourvu d'une base non fertile. **Lycoperdon.**

L. Péridium fertile jusqu'à sa base. **Bovista.**

K. Péridium sans columelle, à une seule membrane épaisse (Sclérodermées). **Scleroderma.**

A. Champignons charnus fermes, dépourvus de volve, de forme tuberculeuse poussant sous terre (Hyménogastrées):

M. Un péridium distinct facilement séparable. **Hysterangium.**

M. Un péridium distinct non séparable:

N. Mycélium visible autour du tubercule, sous forme de filaments ramifiés et appliqués:

O. Spores hyalines (incolores) à la maturité. **Rhizopogon.**

O. Spores colorées à la maturité. **Melanogaster.**

N. Mycélium nul ou très peu développé:

P. Spores lisses ou presque, assez colorées. **Hymenogaster.**

P. Spores échinulées, colorées ou non. **Hydnangium.**

M. Pas de péridium distinct. **Gauthiera.**

TABLEAU XIV

Tubéracées, détermination des genres.

A. Spores se résolvant en poussière à leur maturité. **Elaphomyces.**

A. Spores ne se résolvant pas en poussière à la maturité:

B. Chair (glèbe) parcourue par des veines:

C. Veines bicolores. **Tuber.**

C. Veines unicolores:

D. Asques allongés. **Chæromyces.**

D. Asques ovales ou globuleux. **Terfezia.**

B. Chair dépourvue de veines:

E. Asques linéaires. **Genea.**

E. Asques oblongs ou globuleux. **Balsamia.**

TABLEAU XV

Discomycètes, détermination des genres.

A. Thèques s'ouvrant au sommet par un opercule (*Voir fig. 45*):

B. Champignons ayant un hyménium limité par les bords du réceptacle (*Voir fig. 47 à 56*):

C. Réceptacle formé de plusieurs hyméniums (*Voir fig. 47*):

D. Bords du réceptacle adhérents au pied. **Morchella.**

D. Bords du réceptacle libres. **Mitrophora.**

C. Un seul hyménium (*Voir fig. 48 à 56*):

E. Réceptacle retombant sur le pied, non cupulé ni lenticulé (*Voir fig. 48-49*):

F. Réceptacle formé de deux ou plusieurs lobes infléchis, libres ou presque. **Helvella.**

F. Réceptacle entier réfléchi sur le pied, libre (*Voir fig. 49*). **Verpa.**

E. Réceptacle, cupulé ou étalé, ne retombant pas sur le pied (*Voir fig. 50*). **Peziza, etc.**

E. Réceptacle non cupulé, mais lenticulé sessile, ne retombant pas sur le pied (*Voir fig. 52-53*):

G. Hyménium lisse, thèques non saillantes (*Voir fig. 52*). **Humaria, etc.**

G. Hyménium rugueux, thèques saillantes sur le disque (*Voir fig. 53*). **Ascobolus, etc.**

B. Champignons ayant un hyménium superficiel non limité:

H. Champignons végétant à terre sur les places à charbon. **Pyronema.**

H. Champignons se développant sur les végétaux vivants. **Taphrina, etc.**

A. Thèques sans opercule au sommet, mais ayant un simple pore ou orifice (*Voir fig. 46*):

B. Champignons ayant un hyménium limité par les bords du réceptacle (*Voir fig. 47 à 56*):

C. Champignons charnus ou charnus gélatineux:

D. Réceptacle fructifère allongé ou en massue supporté par un pied très développé (*Voir fig. 51, 54 à 56*):

E. Massue se continuant insensiblement avec le pied (*Voir fig. 51*). **Geoglossum, etc.**

E. Sillon visible entre le pied et la massue:

F. Champignons mous gélatineux (*Voir fig. 55*). **Leotia.**

F. Champignons charnus, fermes:

G. Massue comprimée (*Voir fig. 56*). **Spathularia.**

G. Massue non comprimée (*Voir fig. 54*). **Mitrula.**

D. Réceptacle plus ou moins pédicellé, plan ou convexe, rarement cupulé:

H. Champignons assez développés, longuement pédicellés, charnus, non gélatineux. **Ombrophila, etc.**

H. Champignons assez développés, à réceptacle se continuant avec le pied, gélatineux ou élastiques:

I. Espèces violacées, gélatineuses. **Coryne.**

I. Espèces noires, élastiques. **Bulgaria.**

H. Champignons petits, lenticulés, charnus. **Calloria, Orbilia.**

D. Réceptacle pédicellé ou non, cupulé au moins à l'état jeune:

J. Réceptacles pédicellés, souvent assez grands, non velus extérieurement. **Ciboria, Sclerotinia, Phialea, Chlorosplenium, Helotium.**

J. Réceptacles non pédicellés, petits, non velus extérieurement. **Mollisia, etc.**

J. Réceptacles velus extérieurement. **Lachnella, Trichopeziza.**

C. Champignons charnus ou charnus coriaces:

K. Réceptacles libres ou le devenant. **Patellaria, Dermatea, etc.**

K. Réceptacles enfoncés dans le support. **Stictis, Phacidium.**

B. Champignons à hyménium superficiel non limité.

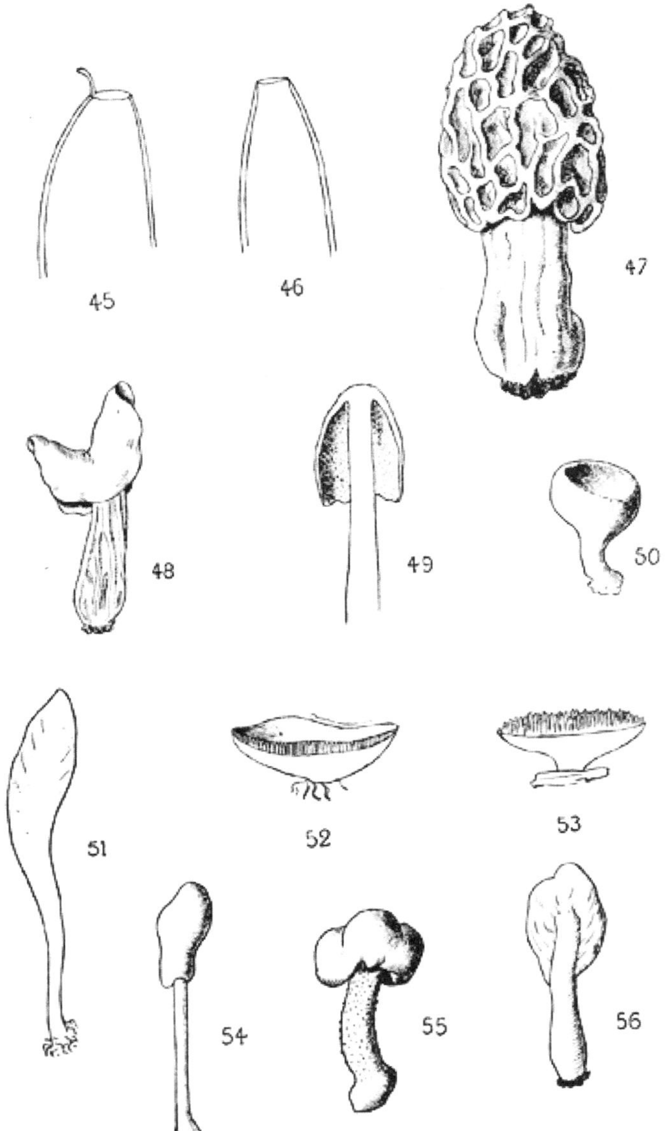
45
46
47
48
49
50
51
52
53
54
55
56

CHAPITRE II
Causerie sur les Hyménomycètes.

Les champignons de ce groupe important sont déjà familiers à beaucoup de nos lecteurs, et ils n'est personne qui ne connaisse, pour les avoir maintes et maintes fois récoltés, les Agarics, les Polypores, les Hydnes, les Clavaires et même les Trémelles.

Ce qui caractérise tous ces champignons si différents d'aspect, ce qui permet de les grouper sous le même vocable d'Hyménomycètes, c'est que chez tous l'hyménium (ou partie fructifère) est établi sur un même plan.

Que l'on examine en effet au microscope une coupe mince d'un hyménium d'Agaric, de Polypore ou de Clavaire, etc., on le trouvera toujours formé de nombreuses cellules venant s'épanouir à l'extérieur comme le montre la lettre A de la fig. 3. Ces cellules sont beaucoup plus longues et plus volumineuses que celles qui constituent la masse du tissu de ces champignons. Elles ont en substance la forme d'un sac allongé rétréci à sa partie non libre qui se continue avec le tissu sous-jacent. Ces cellules, auxquelles on a donné le nom de basides, sont le siège d'une vie active, et leur intérieur est rempli d'un protoplasma abondant: à leur partie libre, ces basides sont surmontées de petites pointes très ténues auxquelles on a donné le nom de stérigmate (mot qui signifie support), elles supportent en effet les spores destinées à reproduire le champignon.

Les basides, tout en étant foncièrement bâties sur le même plan, peuvent cependant varier de forme, de dimensions, suivant qu'elles se rapportent à telle ou telle famille, et même dans un même genre, elles sont susceptibles de présenter des différences, surtout au point de vue de la forme et de la taille, aussi est-il de la plus grande utilité de noter ces différences et de les fixer par un dessin fait à la chambre claire et à un grossissement connu.

Les stérigmates, eux aussi, sont susceptibles de varier et comme nombre et comme dimensions: ainsi les Agaricinées, les Polyporées, etc., ont leurs basides surmontées de 4 stérigmates; d'autres fois, il n'y en a que deux, comme le montre la figure 3, prise dans le genre *Clavaria*; plus rarement même, il peut n'y en avoir qu'un seul, ou même plus de quatre.

Indépendamment des basides, on trouve sur l'hyménium des Hyménomycètes, et en assez grand nombre, d'autres cellules de deux sortes, et ayant à peu près le même aspect que les basides: les unes, en tout semblables aux basides, mais non surmontées de stérigmates; ce sont, à tout croire, des cellules arrêtées dans leur évolution et qui sont stériles; les autres attirent l'attention par des différences caractéristiques; ou elles sont beaucoup plus longues que les basides, et dépassent longuement l'hyménium, comme on peut s'en assurer en examinant la figure 3, ou bien elles s'élargissent d'une façon démesurée; on dirait qu'elles sont hypertrophiées. Ces cellules ont reçu le nom de cystides; voir la fig. 3, où sont représentées différentes formes de cystides.

Les cystides peuvent être fusiformes ou sphériques, et elles sont généralement remplies d'un protoplasma vivant et actif; d'autres fois, elles sont à peu près vides; de plus, elles sont souvent agrémentées à leur extrémité libre d'ornementations caractéristiques. (Voir fig. 3.)

Quel est le rôle des cystides? On sait peu de choses à cet égard, et il serait possible qu'elles intervinssent dans le phénomène de la fécondation des champignons. Nous avons constaté souvent que le protoplasma des cystides paraissait différer de celui des basides ou des autres cellules neutres qui les accompagnent. Leur contenu paraît plus défini, plus divisé en parties organisées, et douées d'un mouvement très vif, qui semble différer du mouvement Brownien.

Nous avons vu notamment que dans *Russula expallens*, les cystides étaient remplies d'un nombre incalculable de petits éléments paraissant indépendants les uns des autres et animés d'un vif mouvement. A côté, nous avons pu voir des cystides qui s'étaient ouvertes à leur extrémité et qui étaient complètement vides. Nous ne voulons pas tirer une conclusion peut-être hasardée, nous nous contentons de signaler le fait.

Les spores qui se forment à l'extrémité des stigmates commencent d'abord par être très petites, puis peu à peu elles grossissent jusqu'à ce qu'elles aient acquis les dimensions voulues.

Nous avons, dans la figure 1, représenté un certain nombre de spores, toutes au même grossissement de 825 diamètres; on verra combien elles peuvent différer et de forme et de volume; on se rendra compte aisément de l'utilité qu'il y a de les représenter toutes au même grossissement. Nous estimons qu'il est plus rationnel de les dessiner au grossissement de 1.000 diamètres, ce qui n'est pas difficile. Le grossissement de 500 diamètres est déjà quelque chose, mais il peut arriver que certains détails, certains ornements importants ne soient pas suffisamment visibles.

Les spores des champignons sont non seulement différentes de forme et de volume, mais leur contenu et leur couleur peuvent varier à l'infini. Nous savons déjà, puisqu'on en a fait la base de la classification des Agaricinées, qu'elles peuvent être blanches comme dans les Leucosporées, roses dans les Rhodosporées, ochracées comme dans les Ochrosporées, noires ou brunes-noires comme dans les Mélanosporées. Quant à leur contenu, il peut être également très différent; dans certaines spores, on ne distingue rien; le protoplasma est si réfringent ou si peu abondant qu'on ne le voit pas, la spore paraît donc comme si elle était vide; on dit alors qu'elle est hyaline. D'autres fois, on distingue dans les cellules, un, deux, trois, ou même plusieurs petits globules, qui peuvent être de nature huileuse. Leur disposition est quelquefois assez fixe pour pouvoir servir comme élément de distinction; on peut aussi y rencontrer un ou plusieurs globules plus gros qui peuvent être des vacuoles. Nous terminerons en disant que les spores montrent souvent un apicule ou saillie qui provient du point d'attache sur le stérigmate.

Tout ce que nous venons de dire est imputable en grande partie au deuxième sous-groupe des Basidiomycètes, aux Gastéromycètes, mais il y a entre ces deux sous-groupes une différence capitale. L'hyménium des Hyménomycètes est toujours en contact direct et immédiat avec l'atmosphère, en un mot, il est visible à l'extérieur du réceptacle, ce qui n'a pas lieu chez les Gastéromycètes.

Il est facile de s'en assurer en examinant les lames des Agaricinées qui sont couvertes par la couche fructifère.

Dans les Polyporées, cette couche fructifère tapisse l'intérieur des tubes, comme il est facile de s'en assurer en examinant au microscope une section transversale d'un tube de Polypore.

Dans les Hydnées, l'hyménium recouvre les pointes; dans les Téléphorées, les Clavariées, les Auriculariées (Trémellacées), ce même hyménium recouvre la plus grande partie de la surface du champignon; mais ces trois dernières familles se distingueront aisément des Agaricinées, Polyporées, Hydnées, par ce fait que l'hyménium est tourné vers le ciel, il regarde en haut; on dit alors qu'il est supère, tandis que dans les Agaricinées, les Polyporées, les Hydnées, il regarde en bas, il est infère.

Les autres caractères distinctifs des différentes familles des Hyménomycètes seront aisément saisis à l'examen du tableau II.

Les Hyménomycètes constituent un sous-groupe important et très prisé des mycologues: ce sont eux qui renferment la grande majorité des espèces comestibles, et aussi, hâtons-nous de le dire, des espèces toxiques; il importe donc de les étudier avec soin.

CHAPITRE III

Causerie sur les Gastéromycètes.

Nous nous sommes étendus assez longuement sur les Hyménomycètes, et une partie de ce que nous avons dit sur ce sous-groupe sera applicable aux Gastéromycètes.

Egalement ici, les spores se développent sur des basides qui peuvent varier de forme et de dimension, mais elles n'offrent pas la variété que l'on trouve dans les Hyménomycètes. Elles sont souvent très petites, rondes ou elliptiques, lisses ou rugueuses, de couleur claire ou très foncées, surtout à la maturité. Leur enveloppe est généralement plus épaisse que celle des Hyménomycètes.

Dans la famille des Nidulariées (que l'on nomme aussi champignons nids d'oiseaux), les spores sont réunies sous la forme de petites masses auxquelles on a donné les noms de péridioles ou sporangioles. Ces sporangioles, qui peuvent être lenticulaires ou sphéroïdes, reposent dans l'intérieur de la coupe du champignon, comme des œufs d'oiseau dans un nid, et quelquefois, particularité curieuse, ces petits organes sont reliés à la cupule par un filament ténu, comme dans les *Nidulaires* et les *Crucibulum.*

Si les spores ne nous offrent pas en elles-mêmes une très grande diversité, les autres parties de ces champignons sont intéressantes à étudier.

Lorsque, par exemple, on examine un œuf de *Phallus* ou de *Clathrus*, on ne peut s'empêcher d'être surpris de le voir fendre son enveloppe et donner issue très rapidement à un ensemble beaucoup plus gros que n'est l'œuf lui-même.

Les *Phallus* ont une tête sporifère placée à l'extrémité d'un grand pédicule creux et tout parsemé de cavités qui le rendent d'une extrême légèreté, tout en étant très résistant. Le chapeau ou réceptacle qui coiffe l'extrémité supérieure du pédicule, est recouvert d'une pulpe brunâtre ou verdâtre d'odeur repoussante pour certaines espèces et renfermant des myriades de spores. Les mouches attirées par cette odeur viennent se poser sur la tête du *Phallus*, et en s'en allant emportent un grand nombre de spores, soit dans leur intestin, soit sur leur corps, et elles concourent ainsi inconsciemment à propager l'espèce en déposant ces spores dans d'autres endroits.

Les *Clathrus* sont encore plus curieux, s'il est possible; l'œuf qui les renferme laisse voir, lorsqu'il s'ouvre, un magnifique réseau à mailles polygonales d'un rouge très vif. Ici, la pulpe sporifère se trouve, non plus à l'extérieur, mais bien à l'intérieur des mailles.

Les espèces exotiques ont, si cela est possible, des formes encore plus bizarres et véritablement étranges, car il faut dire que dans nos pays tempérés, elles sont peu nombreuses, et au contraire, très bien représentées dans les pays chauds.

Avec les Nidulariées, autre sujet de surprise; nous ne sommes plus ici en présence de champignons charnus, mais bien coriaces, fermes, et ayant la forme de petites urnes, d'abord fermées, puis s'ouvrant à la maturité pour donner issue aux spores. On a donné à ces champignons le nom de champignons nids d'oiseaux.

Les Lycoperdacées nous sont plus familières, et il n'est personne qui n'ait rencontré ou même ramassé dans les bois, les prairies, ces masses blanchâtres généralement rondes, sessiles ou pédicellées, et ne les ait même foulées du pied. D'autres ont pu se trouver en présence d'une énorme boule blanche revêtue d'une enveloppe satinée, que l'on croirait avoir été amenée dans les jardins ou les pâtures par quelque sorcière en quête de magie.

Cette production a, comme tous les champignons, une origine toute naturelle; elle se développe sur un mycélium blanc né d'une spore infiniment petite; elle est d'abord minuscule, mais croît très rapidement, et finit par atteindre un volume considérable, jusqu'à 1 m. 10 de tour et le poids de 5 à 6 kilos. On nomme ce champignon la vesse-loup des bouviers, ou vesse-loup gigantesque, *Lycoperdon giganteum.*

D'autres Lycoperdacées, comme les Sclérodermes, ont une enveloppe très épaisse et sont dépourvues de pied; d'autres, comme les *Geaster*, ont la propriété de fendre leur enveloppe extérieure en plusieurs parties qui se recourbent à l'extérieur pour laisser libre la partie sporifère; à cet état, ils représentent assez bien une étoile sur laquelle on aurait placé une sphère.

Enfin, il peut arriver que le réceptacle sporifère soit, comme dans les Phalloïdées, placé au sommet d'un pédicule, c'est ce qui a lieu dans les *Tulostoma.* Mais chez les Lycoperdacées, le réceptacle fructifère (le péridium) s'ouvre à un moment donné pour donner passage aux spores; les Lycoperdacées sont de couleurs peu vives, souvent blanchâtres ou jaunâtres.

Les Hyménogastrées se distinguent à première vue des autres Gastéromycètes, parce qu'ils poussent sous terre (ils sont hypogés): ils ont le plus souvent la forme de petits tubercules arrondis, irréguliers et presque toujours recouverts de filaments mycéliens. Ils sont de couleur jaunâtre ou grisâtre, et au premier abord, on serait tenté de les prendre pour des champignons analogues à certaines Truffes, mais un simple examen microscopique permettra d'éviter cette erreur, car dans les Tubéracées il y a des thèques, ce qui n'est pas le cas ici, puisque les spores sont portées sur des basides.

CHAPITRE IV

Causerie sur les Discomycètes.

Les Discomycètes (champignons en forme de disque) intéressent également les mycologues de profession et les mycophages; aux premiers, ils offrent des sujets d'études fort intéressants et très variés; aux autres, ils fournissent d'excellents champignons comestibles, tels que les Morilles, les Gyromitres, les Helvelles et même certaines grandes Pézizes. Les Morilles surtout sont très appréciées, en ce qu'elles viennent au premier printemps, alors qu'il n'y a pas d'autres champignons: elles se vendent toujours à un prix très élevé, et il n'est pas rare de les voir payer 10 à 12 francs le kilog.

Les Discomycètes forment un sous-groupe très naturel renfermant un grand nombre de genres et une multitude d'espèces, qui ont été fort bien étudiées et magnifiquement illustrées par M. Boudier, qui pendant plus de quarante années s'est attaché à décrire, coordonner et dessiner toutes les espèces existant en Europe. Aussi a-t-il pu résumer toutes ses recherches dans un gros livre, publié sous le nom de *Discomycètes d'Europe, histoire et classification.*

Dans ses *Icones* il a donné une multitude de dessins qui sont les plus beaux et les plus exacts qui existent, de sorte que l'on peut dire que les Discomycètes sont bien connus.

Tous les Discomycètes n'ont pas, à première vue, la forme d'un disque, il faut procéder par induction pour retrouver cette forme type; si nous prenons une Morille, par exemple, il ne nous sera pas difficile, après un court examen, d'admettre que chaque alvéole peut être regardée comme une coupe, un disque qui serait placé à côté d'un autre disque, dont il serait séparé par une bordure qui forme les côtes de la Morille. Ainsi envisagées, les Morilles seraient considérées comme une réunion de disques, et représenteraient une association de Pézizes.

Dans les Helvelles, la forme du réceptacle ou chapeau semble s'éloigner encore davantage de la forme d'un disque, mais là encore, si nous voulons bien chercher, nous trouverons des Helvelles dont le chapeau forme une véritable coupe surmontant un pied élancé, comme cela serait dans l'Helvelle à grand pied. Ainsi, en raisonnant par analogie, on arrive assez facilement à faire rentrer dans ce sous-groupe des Discomycètes, des champignons, qui, comme les *Spathularia*, les *Geoglossum*, paraissent tout d'abord devoir s'en éloigner.

N'y a-t-il pas dans les Hyménomycètes des faits analogues, et ne voit-on pas certaines Agaricinées se rapprocher des Polyporées, comme les Lenzites par exemple, dont les feuillets quelquefois anastomosés rappellent certains Polypores.

Les Discomycètes ont généralement une consistance charnue, parfois charnue coriace; plus rarement, et surtout dans les petites espèces, elle devient cartilagineuse. Leur réceptacle, susceptible, comme nous l'avons dit, de varier étonnamment de forme, peut aussi revêtir des couleurs variées et souvent très vives; il y en a de vertes, jaunes, rouges, etc., avec tous les intermédiaires.

L'hyménium est établi sur un plan à peu près uniforme et toujours tourné en haut; il est supère: il se compose d'une couche de thèques pressées les unes contre les autres et séparées par des paraphyses. Ces asques ou thèques sont toujours relativement beaucoup plus longs que larges, arrondis à leur partie libre, et rétrécis insensiblement à leur base où ils se continuent avec le tissu du champignon.

Ces asques renferment presque toujours huit spores, plus rarement davantage: ces spores, si l'on en juge par la fig. 2, sont excessivement variées; elles peuvent être rondes ou ovales, ou encore fusiformes plus ou moins allongées, et relativement grandes, en comparaison de celles des Hyménomycètes. Elles ont ou non un revêtement qui fournit des indications précieuses pour la détermination des genres ou des espèces: à leur intérieur elles montrent presque toujours des globules, souvent au nombre de deux, que l'on utilise également pour la détermination. Ces spores une fois mûres doivent sortir des asques et se répandre au dehors, pour concourir à la dissémination de l'espèce. Dans bien des cas il est facile d'assister à cette sortie qui a lieu en si grand nombre que l'on croirait voir un petit nuage blanchâtre envelopper le champignon.

Le phénomène est surtout visible avec les grandes espèces de Pézizes, de Morilles ou d'Helvelles; ainsi, quand on touche un peu brusquement une Pézize de grande dimension, on observe la projection d'innombrables spores visibles par leur grand nombre; qu'on laisse un peu reposer le champignon et l'on pourra répéter l'expérience.

M. Boudier, dont le nom doit être cité chaque fois que l'on parle des Discomycètes, a reconnu que les thèques ne s'ouvraient pas toujours de la même manière. Ou bien il se soulève à leur extrémité libre un petit clapet qui laisse une ouverture circulaire par où sortent les spores, ou bien la perforation est une simple déchirure qui laisse finalement une ouverture circulaire permettant aux spores de sortir. Comme ces caractères sont constants, M. Boudier s'en est servi pour diviser les Discomycètes en deux catégories, les Operculés et les Inoperculés.

Les Morilles, les Helvelles et les grandes Pézizes rentrent dans les Operculés. Les Géoglosses, *Spathularia*, *Mitrula*, *Bulgaria*, etc., rentrent dans les Inoperculés.

Les Discomycètes viennent un peu partout, sur la terre comme les Morilles, les Helvelles, les grandes Pézizes; sur le bois mort, les déchets de toute nature, comme un grand nombre de petites espèces de Pézizes. On les trouve toute l'année et toutes les espèces charnues sont normalement comestibles et inoffensives. On a bien signalé des symptômes d'empoisonnement, ou plutôt, des troubles gastriques assez prononcés ont été signalés à diverses reprises après l'ingestion de ces cryptogames: mais il paraît hors de doute que ces accidents sont dus à l'usage de champignons trop avancés et insuffisamment cuits. On sait, en effet, que la cuisson fait disparaître certains principes nocifs analogues à des ptomaïnes, qui se développent dans les Discomycètes trop avancés. Ceci nous indique clairement qu'il sera prudent de ne consommer que des champignons bien frais et surtout pas trop vieux, cela sera le meilleur moyen d'éviter ces accidents et de jeter le discrédit sur certains champignons d'ailleurs excellents.

Le conseil que nous donnons ici pour les Helvelles et les Morilles s'applique également aux autres champignons comestibles, quels qu'ils soient; jamais il ne faut consommer des champignons vieux ou cueillis depuis longtemps, car, à l'inverse des autres végétaux alimentaires, leur composition chimique comporte des principes azotés en assez grande proportion, puisqu'elle peut aller jusqu'à 44%; il n'est donc pas étonnant que ces principes ne se transforment rapidement pour donner des combinaisons nocives.

CHAPITRE V

Causerie sur les Tubéromycètes.

Les Tubéromycètes, qui renferment la famille des Tubéracées, forment un sous-groupe des Ascomycètes, au même titre que les Pyrénomycètes, les Discomycètes, les Gymnomycètes (voir tableau III).

Le caractère le plus saillant des Tubéromycètes et aussi le plus facile à constater est qu'ils se développent sous terre; aussi a-t-on donné à ces champignons le nom d'Hypogés (qui pousse sous terre). Ils ont la forme de tubercules plus ou moins arrondis, jaunâtres, brunâtres ou noirs; l'enveloppe extérieure, toujours assez épaisse, peut être papilleuse, rugueuse ou verruqueuse, parfois agrémentée d'une ornementation susceptible de varier suivant les genres.

La chair, qui porte aussi le nom de glèbe, est charnue ou charnue coriace et parsemée de loges plus ou moins grandes, munies de thèques souvent ovales, plus rarement allongées et renfermant de 1 à 8 spores. Les spores sont rondes ou ovales, lisses ou revêtues d'ornementations caractéristiques; elles peuvent en effet être réticulées ou alvéolées, épineuses ou verruqueuses, pellucides ou colorées.

Les principaux genres des Tubéromycètes sont les Elaphomyces, appelés aussi Truffes blanches ou Truffes des cerfs, parce que l'on croit que ces animaux les déterrent pour les manger.

Puis, viennent les *Tuber* proprement dits (les Truffes), si connues et si appréciées par les gourmets, à cause de leur parfum, si subtil et si particulier.

Enfin les *Terfezia* (*Terfas*) qui sont particuliers aux pays chauds, où ne vient pas la Truffe. On trouve en abondance les *Terfas* en Algérie, où ils sont parasites sur les Cistes.

Comme le genre *Tuber* nous intéresse plus particulièrement, nous allons en dire quelques mots.

Il y a plusieurs sortes de Truffes, mais la plus appréciée est la Truffe du Périgord, encore appelée Truffe des gourmets, Truffe violette, Babasse. En latin les mycologues la nomment *Tuber melanosporum* (Truffe à spores noires).

Les Truffes viennent un peu dans tous les terrains et un peu partout en France; mais la Truffe du Périgord est surtout abondante dans cette province, où elle acquiert toutes ses qualités. C'est de préférence au voisinage des chênes, qualifiés de truffiers, et surtout du chêne pubescent (*Quercus pubescens*) que l'on en trouve en plus grande abondance.

La récolte se fait de décembre à mars, au moyen de chiens ou de porcs, qui sentent la Truffe de fort loin et la recherchent pour la manger.

Ils ne sont pas les seuls parmi les animaux à avoir une prédilection pour les Truffes, et l'on prétend que le renard, le loup, le cerf, le chevreuil, l'écureuil et même le chat en sont très friands.

La Truffe du Périgord se trouve dans le sol à une profondeur de 10 à 15 centimètres, mais il est d'autres espèces à peine enterrées, et pour lesquelles il suffit de gratter légèrement le sol ou de relever la mousse pour apercevoir le champignon, qui s'annonce par une petite tache noire; de ce nombre est la Truffe d'été, *Tuber æstivum*.

CHAPITRE VI

Photographie des champignons.

Il arrive bien souvent, lorsqu'on s'occupe de l'étude des Champignons, que l'on aurait le plus grand intérêt, en présence du peu de durée de ces végétaux, à en conserver la représentation. Il n'y a pour cela d'autre moyen que d'en faire un dessin; mais tout le monde n'est pas dessinateur, et de plus il est très difficile de faire un dessin exact à moins d'être un artiste. Si l'on ne peut faire un dessin, on peut tout au moins, maintenant que tout le monde fait de la photographie, photographier les Champignons. Nous sommes persuadés qu'il y a beaucoup à faire dans cet ordre d'idée, et nous allons donner, d'après M. le professeur Bourquelot, des renseignements qui pourront engager nos abonnés à photographier des espèces rares, ou présentant un intérêt quelconque.

Nous ne pouvons mieux faire que de transcrire ici la communication de l'auteur.

«Lorsqu'un botaniste rencontre une plante phanérogame, il peut en général déterminer aisément l'espèce à laquelle elle appartient. Il lui suffit pour cela de consulter certaines flores spéciales; une clef dichotomique, dont le jeu repose sur des caractères précis et faciles à constater, le conduit facilement à la famille, de là au genre, puis à l'espèce. La lecture d'une description un peu détaillée de l'espèce à laquelle il est ainsi parvenu, et au besoin de quelques espèces voisines, achève de porter la conviction dans son esprit.

Si pourtant il lui reste encore des doutes, il peut dessécher l'échantillon qu'il a trouvé, le conserver et plus tard, quand l'occasion s'en présente, le comparer soit à un échantillon-type de l'espèce soupçonnée, soit à des échantillons d'espèces avec lesquelles la confusion est possible.

La détermination des plantes cryptogames et en particulier des Champignons présente plus de difficultés. Il n'existe pas à cet égard de clef dichotomique satisfaisante, par cette raison que les caractères sont peu tranchés et quelquefois insaisissables pour certaines personnes. Telle Russule, par exemple, diffère d'une Russule voisine par une saveur qui lui est propre. Tel autre Champignon exhale une odeur particulière. Mais on n'ignore pas qu'il faut une grande habitude pour apprécier l'odeur et la saveur et qu'il existe nombre de botanistes qui restent toute leur vie inhabiles à percevoir ces caractères organoleptiques.

Si encore on pouvait conserver avec leurs caractères les échantillons qu'on récolte et dont la détermination est douteuse? Mais il n'y faut pas songer. On a essayé des liquides conservateurs de compositions diverses; ceux-ci détruisent en quelques semaines les plus brillantes couleurs! On a eu recours à la dessiccation? Le procédé a réussi pour quelques espèces, mais pour la plupart il n'a donné que des spécimens déformés, ratatinés, noircis ou décolorés!

On a remédié aux premiers de ces inconvénients en ajoutant des planches aux descriptions. Tous les mycologues connaissent les planches de Bulliard qui sont consultées depuis un siècle et qu'on n'a pas surpassées. Il n'est pas douteux que la possession de bonnes planches facilite singulièrement la détermination des espèces; mais les bonnes planches coûtent cher et les mycologues ne sont pas tous riches. Le moyen n'est donc pas à la portée de tout le monde.

On conseille d'autre part de dessiner avec soin les espèces qu'on récolte: le dessin aide à l'observation, car il oblige à remarquer tous les caractères. On fait d'ailleurs ainsi une sorte d'herbier dont la conservation est indéfinie et à l'aide duquel on peut effectuer des comparaisons. Malheureusement on ne dessine pas toujours bien, on ne dessine même pas toujours. Il faut en outre beaucoup de temps pour faire un bon dessin. Il y a des Champignons comme des Amanites qu'il est important d'avoir à plusieurs âges et dans plusieurs positions. Le bénéfice que l'on retire de son travail ne répond nullement à la peine qu'on s'est donnée.

En réalité, il semble que tous les efforts doivent converger vers la recherche d'un procédé accessible à tous, qui puisse fournir rapidement une représentation fidèle d'une espèce sous tous ses aspects. J'avais remarqué à l'Exposition d'Horticulture de 1885 des photographies en grandeur naturelle de plantes fleuries. Ces photographies étaient coloriées et donnaient une idée très exacte des plantes qu'elles représentaient et qui se trouvaient du reste exposées à peu de distance. Je pensai dès lors qu'il y aurait peut-être intérêt à utiliser la photographie pour la représentation des Champignons. J'ai fait dans ce sens un assez grand nombre d'essais et il me paraît que cet art aujourd'hui si répandu résout dans une certaine mesure le problème que je viens de poser.

Fig. 1

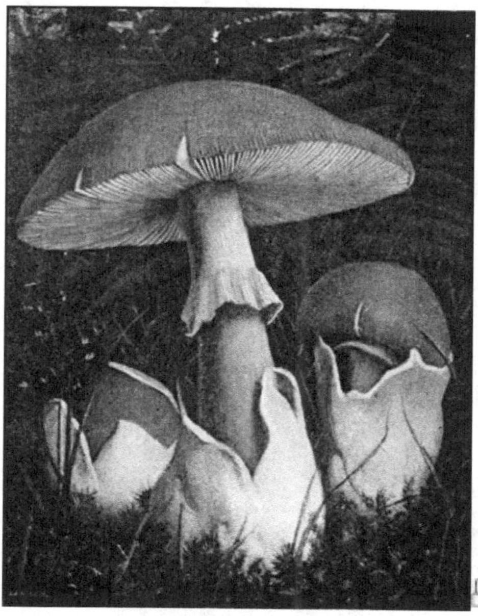

Fig. 2

Fig. 3

Fig. 4

Avec un peu d'exercice, de soins et d'entente des procédés, on peut arriver, si l'on dispose d'un appareil convenable, à reproduire en fort peu de temps, non seulement un individu d'une espèce, mais un groupe d'individus, qui donnera une idée suffisante de cette espèce. La photographie présente un autre avantage, c'est de permettre, le cliché une fois fait, d'en tirer un nombre presque indéfini d'épreuves sur papier sensible et même sur papier ordinaire, comme on le verra par la suite.

Les procédés généraux de photographie sont exposés tout au long dans un grand nombre de traités dont quelques-uns sont fort bien faits; aussi je ne donnerai ici que des renseignements se rapportant plus particulièrement au but dont j'ai parlé et j'examinerai successivement: 1° le choix de l'appareil et en particulier de l'objectif; 2° la récolte et le choix des échantillons; 3° l'opération photographique proprement dite; 4° la préparation des positifs sur papier sensible; 5° la reproduction sur papier ordinaire.

1° *Du choix de l'appareil et de l'objectif.*—Lorsqu'on commence à photographier, on ne s'occupe pas en général des dimensions de l'image par rapport à l'objet, et, en fait, cela n'a pas une grande importance quand il s'agit de paysages ou de portraits, les objets étant très grands par rapport à l'image. Ici, il n'en est pas de même. Dès les premiers essais, on sent la nécessité d'obtenir une image dont les dimensions se rapprochent autant que possible de celles de l'objet à photographier; mais il faut en même temps que les divers plans de l'objet, les plus rapprochés comme les plus éloignés, soient reproduits nettement.

On peut arriver à donner à l'image les dimensions de l'objet avec toute espèce d'objectif. Il suffit pour cela que l'objet soit placé à une distance de l'objectif égale au double de la *distance focale principale* de cet objectif. Il faut donc déterminer une fois pour toutes cette distance focale qu'on appelle encore *longueur de foyer absolu.* On l'obtient d'une façon suffisamment précise pour la pratique en mettant au point un objet très éloigné: un arbre ou une maison. La distance entre la lentille et le verre dépoli pour un objectif simple, entre le diaphragme et le verre dépoli pour un objectif composé, constitue la distance focale principale. D'ailleurs, dans le cas d'égalité de dimensions de l'image et de l'objet, celui-ci et celle-là sont également distants de la lentille. Ce principe peut encore guider à l'occasion.

Quant à la netteté de l'image dans les conditions que je viens d'indiquer, elle dépend du mode de construction de l'objectif, et pour un objectif donné de l'ouverture du diaphragme. Il y a donc un choix à faire parmi les différents systèmes qu'on trouve chez les opticiens. Il existe à cet égard un terme technique dont la connaissance évite bien des périphrases; c'est l'expression *profondeur de foyer.* La profondeur de foyer est l'aptitude d'un objectif à représenter nettement à la fois les objets éloignés et les objets rapprochés. Il importe par conséquent d'avoir un objectif possédant une grande profondeur de foyer. On peut dire d'une façon générale que plus la distance focale principale d'un objectif est courte, moins l'objectif a de profondeur; ce qui conduit à se servir d'un objectif à long foyer et celui-ci comporte une chambre noire longue en proportion.

La plupart des appareils photographiques d'amateurs destinés à être transportés à la campagne, à faire des portraits, etc., sont munis d'objectifs à court foyer. Ces objectifs possèdent des qualités spéciales, mais pas celles qui conviennent dans le cas actuel.

Il n'est pas possible d'ailleurs d'entrer ici dans tous les détails que demanderait le sujet. Je m'en tiendrai à donner les conseils suivants: 1° se faire la main avec un objectif quelconque; 2° demander à l'essai plusieurs objectifs à longs foyers, par exemple un objectif simple et un objectif rectilinéaire de bonne fabrication, puis exécuter avec chacun de ces objectifs la reproduction d'un même groupe de Champignons en se servant des plus petits diaphragmes. L'examen attentif des clichés même médiocrement réussis donnera des renseignements précis sur la valeur des instruments. Toutes les affirmations et explications des constructeurs n'équivaudront jamais à cette simple expérience.

J'ai parlé tout à l'heure d'images de dimensions égales à celles de l'objet. Les dimensions d'un Champignon constituent en effet un de ses caractères qu'il serait désirable de conserver dans l'épreuve. On peut cependant garder à ce point de vue une certaine latitude, les dimensions d'une même espèce variant elles-mêmes dans de certaines limites. Si, par exemple, on a récolté de grands échantillons, il n'y a aucun inconvénient à photographier avec des dimensions réduites, car on rentrera ainsi dans les dimensions moyennes. L'image y gagnera beaucoup de netteté. Je me suis bien trouvé, dans la plupart des cas, de faire mes reproductions aux 4/5 ou aux 2/3 de l'objet.

Pour la grande majorité des Champignons, on peut se servir de plaques mesurant 18 centimètres de longueur sur 13 centimètres de largeur. Ces plaques qui sont dites *demi-plaques* sont les plus employées[1]. Il y a bien un certain nombre de Champignons comme le *Lepiota procera* qui atteignent des dimensions beaucoup plus considérables; mais ils constituent l'exception.

2° *Récolte et choix des Champignons.*—Il ne me paraît pas pratique de photographier les Champignons dans la campagne; il est de toute façon préférable de les récolter, de les envelopper avec soin et de les rapporter chez soi pour les photographier soit en plein air, soit dans une pièce convenablement éclairée. Comme les caractères de la plupart des Champignons changent avec l'âge, il est important d'en prendre quatre ou cinq de chaque espèce, pour le choix desquelles on ne peut se guider que sur ses connaissances.

Certaines espèces présentent au point de vue du transport des inconvénients fâcheux. Chez quelques-unes, la moindre pression amène une tache foncée qui, à peine visible sur l'échantillon, apparaît fortement sur l'image photographique. Ainsi en est-il pour les *Paxillus*, pour le *Lactarius volemus*, le *Boletus cyanescens* et autres bolets bleuissants, etc. D'autres sont doués d'un géotropisme remarquable qui amène en quelques heures le contournement des échantillons. Si, par exemple, on couche horizontalement dans une boîte un *Amanita mappa* ou un *A. rubescens*, le chapeau se relève verticalement et le pied se trouve bientôt coudé à angle droit. Il est évident qu'un échantillon ainsi tourmenté ne peut être représenté. Cette propriété paraît appartenir à des degrés inégaux à toutes les Amanites. D'autres Champignons enfin comme le *Clitocybe laccata*, quelques Russules pâlissent rapidement; et, pour les Champignons dont la teinte se rapproche du bleu ou du violet, il est important de les photographier en bon état, ces couleurs agissant sur les plaques sensibles.

3° *Opération photographique proprement dite.*—L'éclairage est une grande question, mais quelques essais, et surtout quelques mécomptes sont plus profitables que tous les conseils. Les Champignons doivent être placés sur un appui à la hauteur de l'objectif. Pour les faire ressortir davantage, il faut avoir soin de placer derrière eux un écran de papier blanc ou de carton blanc. On peut fixer les échantillons sur le carton lui-même, mais cette disposition donne lieu à des ombres disgracieuses. Il vaut mieux, à mon avis, les fixer sur une motte de terre. On les groupera de telle sorte que l'un étant placé verticalement dans sa position naturelle, un deuxième laisse visible le dessous du chapeau, un troisième le dessus, etc. On met alors l'écran blanc à une distance telle qu'il ne puisse y avoir d'ombre portée.

La mise au point se fait de la façon suivante. On avise le Champignon vertical dont le chapeau est le plus large; on colle un morceau de papier imprimé sur le bord postérieur et un autre morceau sur le bord antérieur.— On met au point sans diaphragme pour le premier, puis pour le second, après quoi on ramène le verre dans une position intermédiaire. En se servant dans ces conditions du plus petit diaphragme, on doit obtenir la plus grande netteté possible d'ensemble avec l'objectif dont on dispose.

Je ne puis rien dire du temps de pose qui varie avec la longueur de foyer de l'objectif, l'ouverture du diaphragme, la lumière et aussi avec les plaques. Il faut puiser des renseignements dans des traités spéciaux. Dans tous les cas, on s'évite bien des déboires en essayant chaque douzaine de plaques avant de s'en servir définitivement. Cet essai est important non seulement pour la pose, mais encore pour la connaissance de la valeur de ces plaques. Le commerce en fournit de temps en temps dont on ne peut rien tirer, et il est particulièrement désagréable, lorsqu'on a impressionné un certain nombre de plaques, de s'apercevoir qu'elles ne valent rien.

Il y a cependant un détail qu'il faut connaître, c'est que les objets rouges et jaunes n'agissent sur les plaques sensibles que par la faible lumière blanche qu'ils réfléchissent. Pour un temps de pose ordinaire, le cliché obtenu donnera un positif dans lequel les parties rouge ou jaune seront en noir, et si l'on fait des épreuves destinées à être coloriées, on constate qu'il est à peu près impossible de colorier convenablement sur le noir. Il est préférable de dépasser fortement le temps de pose. Cela ne présente qu'un faible inconvénient dans le cas où il existerait à côté du rouge des couleurs actives, par cette raison que si on dépasse le temps de pose pour les couleurs actives, une partie de l'effet qu'elles ont produit est détruit.

4° *Positifs sur papier sensible.*—Je dois laisser de côté tout ce qui regarde le développement et le fixage des clichés. Je ne dirai également rien de l'obtention des positifs sur papier albuminé. Ceux-ci donnent des images très fines, mais ne peuvent être coloriées qu'avec des couleurs spéciales qui ne résistent que fort peu de temps à l'action de l'air et de la lumière.

Le papier sensible qui donne actuellement les meilleurs résultats au point de vue de l'application des couleurs est le papier au platine. Son emploi exige deux opérations: 1° exposition à la lumière; 2° développement de l'image.

Le papier au platine est plus sensible que le papier albuminé et doit être coupé dans la chambre noire à la lueur d'une bougie. La couche sensible est jaune clair, ce qui permet de reconnaître le côté qui doit être appliqué sur le cliché. L'image positive n'apparaît pas en noir, mais en jaune gris peu foncé. C'est là un des côtés défectueux du procédé, car il est difficile avec une image aussi faible de voir quand l'exposition à la lumière a duré suffisamment. Cependant on arrive en peu de temps à acquérir à cet égard assez d'expérience.

L'image qu'on a ainsi obtenue n'est pas définitive. Pour la développer, on la passe rapidement dans une solution d'oxalate de potasse à 300 p. 1.000, maintenue à une température comprise entre 60 et 80°. L'épreuve est alors portée dans un bain d'eau acidulée à 15 gr. d'acide chlorhydrique par litre. Ce bain qu'il faut renouveler tant qu'il se colore en jaune enlève tous les sels de platine non réduits.

On lave ensuite à grande eau, on sèche et l'épreuve se conserve indéfiniment. Ces opérations se font, sauf la dernière, dans une demi-obscurité.

L'avantage de ce papier est de donner des images dont la teinte se rapproche de celle de l'encre de chine. En ne poussant pas trop l'exposition à la lumière on obtient des épreuves un peu faibles qu'on peut ensuite colorier à l'aide des couleurs de l'aquarelle.

Il est un point qu'il ne faut pas perdre de vue, c'est que ce papier ne se conserve pas longtemps et se détériore rapidement en présence de l'humidité. Il est toujours livré dans un étui en fer-blanc fermant hermétiquement et renfermant dans une boîte spéciale du chlorure de calcium desséché. Mais même dans ces conditions, il ne se conserve pas plus d'un mois à partir du jour de sa fabrication. Aussi lorsqu'on se procure ce papier chez des intermédiaires, on s'expose à être mal servi. Tout papier de bonne qualité doit donner un fond tout à fait blanc. Pour peu que le fond soit gris terne, c'est que le papier est vieux ou avarié. Une bonne précaution consiste à en développer un petit morceau sans exposition préalable à la lumière, comme on ferait d'un positif ordinaire. Après lavage, le papier doit être entièrement blanc.

5° *Reproduction sur papier.*—Je dirai seulement quelques mots du procédé qui actuellement, avec le plus de simplicité, donnent des épreuves qui reviennent à des prix qui rappellent ceux des gravures ordinaires. Il repose sur la propriété que possède la gélatine bichromatée de retenir l'encre grasse lorsqu'elle a été exposée à la lumière. Si donc on a une surface recouverte d'une couche de gélatine bichromatée sèche, si on recouvre cette surface d'un cliché et si on expose à la lumière, sous les parties claires du cliché se formera un dessin capable de retenir l'encre grasse, tandis que sous les noirs la gélatine repoussera cette encre. Il suffira par conséquent d'encrer la surface impressionnée, de recouvrir cette surface d'un papier quelconque et de soumettre à une pression convenable pour avoir une épreuve.

Cette propriété de la gélatine bichromatée est connue depuis longtemps et constitue le principe d'un grand nombre de procédés dits de phototypie. Le procédé qui a le plus de vogue, est celui dans lequel la couche de gélatine est étendue sur une glace, mais depuis quelque temps on est arrivé à recouvrir de gélatine le papier parchemin. Ce papier a plusieurs avantages sur la glace, c'est, par exemple, de ne pas se casser et d'être beaucoup plus maniable. Il donne, au reste, des résultats comparables à ceux que fournit la glace.»

A la suite de cet article très détaillé et très clair, nous ferons remarquer qu'au paragraphe 3, l'auteur dit que les objets *rouges* et *jaunes* n'agissent sur les plaques sensibles que par la faible lumière blanche qu'ils réfléchissent, et qu'alors les parties rouges et jaunes viendront en noir, c'est-à-dire qu'elles ne pourront être coloriées.

Pour remédier à cet inconvénient, M. Rolland a proposé de les décolorer au moyen de l'eau de javelle.

Pour décolorer par exemple le chapeau d'une fausse oronge, on immerge dans l'eau de javelle seulement la partie rouge; au bout de quelques minutes le chapeau devient blanc ou légèrement rosé. On laisse sécher et procède à la pose.

Nous donnons, figure 1, une planche montrant ce qu'on peut obtenir par la photographie.

Le Champignon représenté ici est un beau Polypore que nous croyons devoir rapporter au *Polyporus varius* que Quélet assimile au *Polyporus picipes.* Nous l'avons recueilli sur une souche, au milieu des souches et des brindilles tombées.

Exécution de photographies pouvant être coloriées à l'aquarelle.

Par M. Albert JAHANDIER.

Dans le numéro d'avril 1911 de *l'Amateur*, un article relatif à la photographie des champignons recommande, lorsqu'ils sont très colorés, surtout en rouge, de les décolorer à l'eau de javelle, afin d'en obtenir une épreuve claire, propre à être ensuite coloriée à l'aquarelle.

Cette manière d'opérer, très simple en elle-même, peut servir dans beaucoup de cas. Elle présente cependant des difficultés pour certains champignons délicats, c'est pourquoi il nous paraît utile de faire connaître aux amateurs un procédé qui, sans modifier l'original, permette d'en obtenir une photographie aussi claire que si le modèle était décoloré; ce procédé n'est autre que celui employé pour la photographie des couleurs par sélection, il consiste à se servir de plaques orthochromatiques avec interposition d'un écran coloré approprié.

Renseignements pratiques pour l'exécution des clichés et des épreuves positives.—Afin que le lecteur puisse avoir sous les yeux le modèle qui servira aux expériences, nous avons choisi l'Oronge vraie (Ire planche en couleurs du premier volume du nouvel *Atlas*), un des champignons les plus difficiles à reproduire à cause de ses couleurs peu photogéniques.

Si nous voulons en faire une photographie avec des plaques ordinaires, nous obtenons le résultat de la figure 2, chapeau noir et pied gris foncé, image impossible à colorier.

Prenons maintenant une plaque orthochromatique sensible au jaune et au rouge, plaçons à l'avant ou de préférence à l'arrière de notre objectif, un écran jaune foncé (de ceux que l'on emploie couramment dans la photographie des paysages à grands contrastes), donnons une pose en rapport avec l'intensité de notre écran, nous obtiendrons le résultat de la figure 3, le pied est devenu blanc, le chapeau légèrement teinté; une telle épreuve serait suffisante pour être coloriée à l'aquarelle.

Si nous voulons obtenir le chapeau plus blanc, il nous suffira d'employer un écran orangé, nous augmenterons la pose, et nous obtiendrons le résultat de la figure 4, dans laquelle rien ne s'oppose plus à une coloration aussi brillante qu'on peut la désirer.

Comme suite à cet exposé général, nous entrerons maintenant dans le détail des opérations.

1° Choix de plaques sensibles.

Trois sortes de plaques au gélatino-bromure sensibles aux couleurs se trouvent dans le commerce: 1° les plaques orthochromatiques sensibles au jaune et au rouge; 2° celles sensibles au jaune et au vert; 3° les plaques panchromatiques, sensibles à toutes les couleurs.

On peut encore employer les plaques ordinaires, que l'on sensibilisera soi-même aux couleurs.

Les plaques orthochromatiques et panchromatiques donnent de bons résultats lorsqu'elles sont de fabrication récente, mais elles perdent assez rapidement leur sensibilité chromatique, c'est pourquoi nous leur préférons la plaque ordinaire sensibilisée au trempé au moment de l'emploi; d'ailleurs, le résultat sera toujours supérieur à celui que donnerait une plaque orthochromatique même de fabrication récente.

Sensibilisation aux couleurs des plaques au gélatino-bromure.—Nous choisirons une bonne plaque de rapidité moyenne, par exemple, les étiquettes bleues de la maison Lumière, les bandes bleues de Jougla, etc. Parmi les nombreuses matières colorantes employées pour la sensibilisation chromatique, nous donnerons la préférence à celle qui nous conférera la meilleure sensibilisation générale, soit actuellement le Pinaverdol ou le Pinachrôme.

Ces colorants sont d'un prix assez élevé, mais la quantité à employer étant minime, on peut les acheter en solutions alcooliques à 1 gramme pour 1.000, et l'on composera, comme suit, la solution sensibilisatrice:

Solution alcoolique à 1 gramme pour 1.000 de Pinachrôme ou Pinaverdol	2 ^{c3}
Ammoniaque	1 ^{c3}
Eau distillée—ou alcool à 90°	100 ^{c3}

Dans le cabinet noir, éclairé le plus faiblement possible en rouge foncé, nous plongerons notre plaque au gélatino-bromure dans le sensibilisateur ainsi constitué, l'on agitera constamment la cuvette recouverte d'un carton, pendant deux à trois minutes, ensuite, après un bon lavage d'une demi-minute sous un robinet, la plaque rapidement égouttée pourra être employée de suite à l'état humide, ou bien on la placera pour sécher dans un meuble obscur où elle sera utilisable pendant une huitaine de jours: on doit tenir compte qu'il est nécessaire que le séchage soit assez rapide; s'il était trop lent, on aurait des clichés voilés, c'est pourquoi, lorsque l'on voudra les conserver, il sera préférable d'employer dans la constitution du bain sensibilisateur, l'alcool à 90° à la place de l'eau distillée, mais cette formule étant peu économique, nous nous servirons de la première à l'eau distillée, en doublant la durée d'immersion de la plaque; après lavage, elle sera mise pendant quelques minutes dans de l'alcool à 90°; essorer avec un tampon d'ouate et mettre à sécher dans un meuble obscur, dans lequel il sera bon, pour dessécher l'air, d'y ajouter quelques morceaux de chlorure de calcium.

Écrans.—Dans beaucoup de cas, l'écran jaune foncé pourra suffire; on le trouvera chez tous les marchands de fournitures pour la photographie, mais si l'on désire obtenir un résultat plus complet, il sera mieux de constituer soi-même un écran liquide, auquel on donnera facilement la coloration nécessaire pour chaque cas particulier. Pour cela, on trouve dans le commerce des cuves en verre à faces parallèles, dont l'épaisseur intérieure est de 10 millimètres. Au moyen d'un dispositif facile à installer, à l'intérieur de toute chambre noire, nous placerons notre cuve garnie de son liquide coloré à l'arrière de l'objectif.

Avec un colorant jaune et un rouge, on pourra constituer une série d'écrans allant du jaune clair à l'orangé rouge. Pour le cliché de la figure 4, nous avons simplement employé, comme écran orangé, une solution de bichromate de potasse à 10 pour 100.

Pour la figure 3, il a été employé un écran pelliculaire jaune foncé, placé entre les lentilles et l'objectif.

Disposition du modèle, mise au point, exécution du négatif.—Sur une planchette placée à hauteur de l'objectif, nous disposerons le groupe à photographier, un champignon debout piqué sur une pointe, un deuxième couché, laissant voir le dessus du chapeau, puis un troisième le dessous, le tout disposé dans le même plan, de telle façon que la distance entre le plan avant et le plan arrière soit la plus réduite possible, ceci pour la meilleure mise au point, car nous savons que dans la photographie des petits objets très rapprochés de l'appareil, la mise au point n'a pas de profondeur, c'est-à-dire que si mettant au point sur le rebord antérieur du chapeau d'un champignon qui aurait 10 centimètres de diamètre et que l'on voudrait reproduire grandeur naturelle ou même plus petit, le plan arrière de ce chapeau ne sera pas net, même en diaphragmant fortement. Il y a donc lieu de prendre une moyenne entre la mise au point du plan avant et du plan arrière, laissant plutôt ce dernier un peu moins net. Si notre modèle n'avait que 5 centimètres de profondeur, nous aurions une meilleure netteté d'ensemble.

Nous emploierons, comme fond, une feuille de papier blanc placée à une certaine distance en arrière, afin d'éviter les ombres portées. Avec un écran blanc ou un miroir, nous refléterons le plus possible les ombres du modèle et nous serons prêts pour la pose.

Nous la calculerons d'après le diaphragme que nous aurons choisi par examen sur la glace dépolie, le plus petit possible pour la bonne netteté de l'image, mais en nous arrêtant avant qu'elle ne devienne trop obscure et ne puisse plus impressionner suffisamment notre plaque sensible; nous serons donc obligés d'employer un diaphragme d'autant plus grand que notre écran sera plus foncé et plus rouge.

Dans un atelier bien éclairé, par temps de soleil, en juillet, le cliché de la figure 3 a été obtenu comme suit: écran orangé, plaque sensibilisée au Pinaverdol, utilisée humide, avec diaphragme F. 28, la pose a été de 5 minutes et le cliché légèrement renforcé. (Notre modèle étant une planche en couleurs, c'est-à-dire sans profondeur, nous aurions pu conserver la même netteté avec un grand diaphragme et poser beaucoup moins.) Donc, lorsque notre modèle aura peu de profondeur, nous pourrons faire de même, la pose sera d'ailleurs d'autant plus réduite que nous emploierons un écran plus clair.

Les indications ci-dessus représentent en quelque sorte le maximum de difficulté pour l'obtention d'une photographie très claire, avec un modèle de coloration vive et des moins photogéniques. Si nous voulons reproduire, par exemple, le Bolet fauve, il ne sera pas nécessaire de l'obtenir blanc, ses couleurs n'étant pas vives, la teinte photographique d'une épreuve simplement fixée s'ajoutera utilement à la couleur que nous emploierons pour avoir le ton désiré; pour l'obtention du cliché, un écran jaune moyen sera suffisant.

Si maintenant nous voulons reproduire un champignon de couleur très différente des deux précédents, la Cortinaire bleuâtre, champignon à chapeau bleu, ici, nous emploierons les plaques ordinaires, très sensibles au bleu, nous supprimerons l'écran, et le bleu étant foncé, pour l'avoir en blanc nous surexposerons un peu. Avant de passer à l'exécution des épreuves positives, nous ajouterons qu'il n'y a rien de particulier pour le développement des plaques sensibilisées au trempé; on développera à fond afin d'avoir tout l'effet orthochromatique et une vigueur suffisante.

Épreuves positives.—Choix du papier.—Les épreuves positives que nous tirerons de ces clichés devant être coloriées à l'aquarelle, il nous faut choisir un papier sur lequel la couleur puisse s'étendre aisément sans laisser de marques à chaque coup de pinceau.

D'une façon générale, tous les papiers à couche de gélatine sont à écarter, c'est-à-dire les genres citrate et bromure, et ce sont les plus nombreux, aussi en reste-il peu à choisir; le papier au platine pourrait être employé, mais outre qu'il se conserve peu de temps frais, il exige des manipulations assez compliquées; les papiers Néos de Lumière, le papier salé, le ferro-prussiate sont d'un traitement simple et pourraient se colorier, mais nous préférons de beaucoup, à tous ces papiers, celui que l'on préparera soi-même, ce qui d'ailleurs est très facile; nous pourrons alors choisir parmi les bons papiers à aquarelle, celui qui nous conviendra le mieux et le préparer de la façon suivante:

1° Étendre à la surface du papier, avec un tampon ou un pinceau plat, une couche de colle d'amidon et laisser sécher.

2° On prépare la solution sensibilisatrice:

Eau distillée	90 ^{c3}
Azotate d'argent	5 gr.
Acide tartrique	7 gr.

Avec un tampon d'ouate, nous l'étendrons bien régulièrement sur la couche de colle et nous le laisserons sécher dans l'obscurité; il pourra servir aussitôt sec.

Cette préparation n'étant pas très sensible, l'impression se fera de préférence au soleil, un peu plus forte que l'intensité que l'on désirera.

Si une couleur brun rouge n'est pas gênante pour la coloration de l'espèce à reproduire, on pourra se contenter d'un simple fixage à l'hyposulfite de soude à 5 pour 100 en y ajoutant un peu de bisulfite de soude, fixage de 5 minutes, précédé et suivi d'un bon lavage. Si l'on préfère un ton plus noir, se servir d'un des bains courants de virage-fixage que nous étendrons d'un peu d'eau.

L'image une fois sèche, il ne nous reste plus qu'à la colorier. Pour cela, les couleurs courantes d'aquarelle ne sont pas très bonnes, à part quelques exceptions; en général, elles ne sont pas assez transparentes et couvrent trop les ombres et demi-teintes de la photographie, les vermillons, les chrômes et les terres surtout; aussi, à leur place, nous emploierons des solutions de colorants d'aniline, dans le genre de celles que l'on vend pour la photo-miniature.

On pourrait aussi préparer ces solutions en choisissant parmi les nombreuses matières colorantes; par exemple, pour les jaunes, la Tartrasine, l'Aurantia; pour le rouge, l'Érytrosine, le rouge solide, puis le bleu de métylène, le vert naphtol, etc. Ces couleurs doivent être employées très diluées, car elles prennent beaucoup d'intensité en séchant.

Nota.—Pour se procurer les cuves pour écrans liquides, ainsi que les matières colorantes pour sensibilisation et coloriage, s'adresser aux maisons de fournitures pour procédés photo-mécaniques; on trouvera ces articles à la maison Calmels, 150, boulevard du Montparnasse, à Paris.

CHAPITRE VII

Les ressources du microscope.

Nous n'avons pas l'intention d'écrire ici un article sur la façon de se servir de cet instrument indispensable aux mycologues et en général à tous ceux qui font de l'histoire naturelle: on trouvera dans les traités spéciaux tous les renseignements sur ce sujet; nous voulons seulement montrer à ceux qui n'ont pas encore fait usage du microscope, qu'il est facile de s'en servir, et qu'il peut, dans une foule de cas, rendre des services importants.

Le microscope se compose essentiellement de deux parties: un pied muni d'un miroir pour éclairer par transparence les objets placés sur une platine, et au-dessus de celle-ci un tube dans lequel peut se mouvoir, au moyen d'une crémaillère, la partie optique de l'instrument.

Cette partie, la plus importante de l'appareil, se compose d'un tube en cuivre, long de 160 millimètres, portant à sa partie inférieure un ensemble de verres ou lentilles, appelé objectif (parce qu'il est tourné vers l'objet à observer): à la partie supérieure se trouve un autre ensemble de lentilles, mais beaucoup plus grandes, que l'on nomme oculaire.

L'objectif a pour but de donner dans le corps du tube du microscope, une image virtuelle que l'oculaire, faisant fonction de loupe composée, grossit à son tour et que perçoit l'œil de l'observateur.

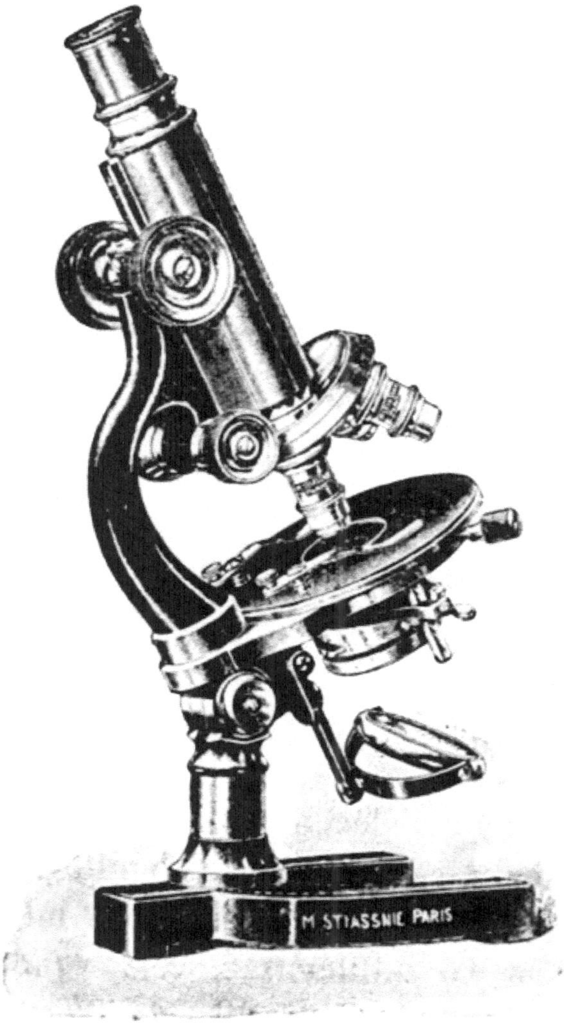

FIG. 4.

Voilà en quelques lignes la théorie du microscope.

Les fabricants livrent leurs instruments avec des oculaires et des objectifs de puissance différente, permettant d'obtenir plusieurs grossissements, et ils indiquent, sur un papier *ad hoc*, les combinaisons des différents objectifs avec les oculaires, et les grossissements correspondants.

Dans la pratique, nous conseillons d'établir soi-même ces grossissements: il suffira pour cela de se procurer un micromètre objectif, c'est-à-dire une lame de verre portant à son centre la représentation d'un millimètre divisé en cent parties égales, ou pour être plus exact, de deux millimètres divisés en deux cents parties égales, ce qui revient au même.

Chaque division représentera donc un centième de millimètre. Si nous plaçons cette lame (ainsi divisée) sur la platine du microscope, et que, avec un objectif et un oculaire quelconque, nous examinions ces divisions, nous les verrons plus ou moins grossies suivant la combinaison employée.

Si alors faisant usage de la chambre claire qui doit toujours compléter le microscope dont on se sert, nous dessinons sur un papier les différents traits que nous apercevons, il ne nous restera plus qu'à mesurer au moyen d'un double décimètre, combien chaque intervalle entre deux traits comporte de millimètres, et nous pourrons dire que si une division du micromètre objectif mesure 10 millimètres, cela voudra dire que notre combinaison d'objectif et d'oculaire grossit 1.000 fois. Si au contraire cet intervalle ne comporte que 5 millimètres, le grossissement n'est que de 500 fois.

Si nous répétons la même opération pour toutes les combinaisons possibles d'objectifs et d'oculaires, nous aurons les grossissements correspondant à chaque combinaison.

Prenons un exemple; il s'agit d'un microscope déjà ancien, mais bon malgré tout. Il comprend comme objectifs les n°s 0, 2, 6, 7, et comme oculaires les n° 1 et 3 ordinaires et 18 compensateur. Nous pouvons, en les combinant, obtenir quinze grossissements différents qui sont: *10*, 20, 27, 52, 90, *100*, 160, 240, 330, 340, 410, 620, 850, *1.000*, 1.200. Nous aurions pu en obtenir un plus grand nombre si nous avions voulu nous servir du tirage que possède tout microscope, mais à quoi bon, nous estimons que les grossissements, les seuls utiles, sont ceux de 10, 20, 50, 100, 500 et 1.000.

Le grossissement de 500 n'est pas indiqué dans l'énumération que nous avons donnée plus haut: pour l'obtenir il suffira de prendre l'objectif 7 et l'oculaire 3, mais au lieu de dessiner à plat sur la table qui supporte l'instrument, ce qui donnerait une amplification de 620 diamètres, il suffira de relever le plan de dessin de 5 centimètres au moyen d'un livre ou d'une boîte bien dressée et présentant cette hauteur. C'est du reste ainsi qu'il faut procéder lorsque l'on veut dessiner à un grossissement de 1.000. En effet, si avec l'oculaire 18 et l'objectif 7, on dessine à même sur la table, on obtient un grossissement de 1.200 diamètres, alors qu'en se servant comme nous venons de le dire d'un livre ou d'une boîte de 5 centimètres de hauteur, le grossissement se trouve réduit à 1.000 diamètres.

Nous croyons devoir faire remarquer que les grossissements indiqués par les constructeurs correspondent au cas où les dessins sont faits à la hauteur de la platine; mais lorsqu'on dessine sur la table où est placé le microscope, le grossissement n'est plus le même, il est plus grand. Nous conseillons cependant, pour simplifier, d'établir la série des grossissements en dessinant sur la table elle-même, et de s'attacher à faire ses observations à des chiffres qui soient des multiples de 10; nous choisirons donc les chiffres suivants: 10, 20, 100, 500, 1.000, qui permettent de satisfaire à toutes les exigences.

Pour obtenir le grossissement de 20 diamètres, nous userons d'un petit stratagème, car l'objectif 0 et l'oculaire 3 nous donnent 27 diamètres, chiffre qui ne répond à rien, mais si nous dévissons la lentille inférieure de notre objectif 0, nous réduirons sa puissance, et le grossissement sera exactement de 20 diamètres; or il peut être très utile de faire un dessin à 20 diamètres. Il est profondément regrettable de voir qu'il n'y a aucune entente entre les naturalistes au sujet des grossissements auxquels sont faits les dessins microscopiques: il serait pourtant bien simple de décider que pour les faibles grossissements, les chiffres 10, 20, 100 seront seuls admis, alors que pour les forts grossissements, on emploiera ceux de 500 et de 1.000. Nous estimons qu'il est toujours possible avec un microscope quelconque d'obtenir ces grossissements.

Comme chambre claire on choisira de préférence un système que l'on puisse conserver sur l'instrument, de façon à pouvoir à tout instant s'en servir ou non. Cette chambre claire se compose essentiellement de deux prismes réunis dans une même monture, et disposés de telle sorte que l'œil puisse voir en même temps et l'objet que l'on veut représenter et la pointe du crayon qui se meut sur le papier en suivant les contours que l'on a intérêt à fixer sur le papier.

Ce genre de chambre claire, si commode dans la pratique, présente cependant un inconvénient, celui de déformer un peu les objets représentés; pour obvier à ce défaut on a conseillé de dessiner sur un pupitre incliné, et pour trouver cette inclinaison, il est un moyen simple indiqué par le Dr Malassez. On dessine à la chambre claire sur un plan incliné le contour circulaire du champ du microscope. Si l'inclinaison du papier est convenable, la figure est un cercle parfait, sinon on obtient une ellipse et l'inclinaison devra être modifiée jusqu'à ce qu'on arrive à un cercle complet.

On peut aussi, pour trouver l'inclinaison convenable, se servir du micromètre objectif, qui, comme on le sait, est divisé en centièmes de millimètre. On trace à la chambre claire un certain nombre de divisions du micromètre, et si l'inclinaison du papier est suffisante, l'éloignement des divisions est égal à toutes les hauteurs; si l'écartement des divisions allait en augmentant vers la droite du papier, cela indiquerait qu'il est trop incliné, si au contraire l'écartement augmentait vers la gauche, il ne serait pas assez incliné. Nous dirons que l'inclinaison du pupitre sur lequel se trouve la feuille de papier, doit être de 25°.

Certains micrographes et non des moindres préfèrent, au lieu de dessiner sur un plan incliné, faire subir l'inclinaison au microscope lui-même, et dessiner à plat ce qui est toujours plus commode.

Le Dr Malassez a fait construire une chambre claire qui permet d'éviter les déformations. Cette chambre claire se place sur le microscope de telle façon qu'elle soit tournée, non sur la droite de l'observateur comme cela a lieu généralement avec les chambres claires les plus employées, mais bien derrière le microscope et vers l'observateur ainsi que le montre la figure ci-contre. En inclinant le microscope à 45°, l'image sera projetée sans déformation.

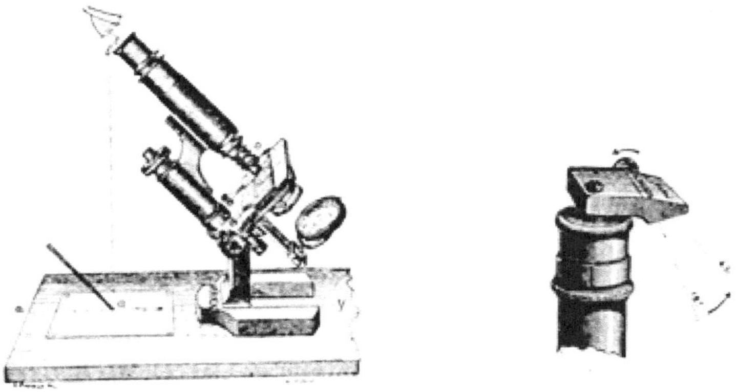

FIG. 5.

On se figure généralement qu'avec un microscope on ne doit faire d'observations qu'à un grossissement relativement élevé; c'est une erreur. Il est aisé de dessiner à 20 et même à 10 diamètres. Si, par exemple (toujours avec notre microscope), nous prenons l'objectif 0 et l'oculaire 1, nous obtiendrons une amplification de 27 diamètres, mais si nous prenons la précaution de dédoubler notre objectif 0, c'est-à-dire de dévisser la lentille inférieure, nous diminuerons la puissance de grossissement et nous aurons 10 diamètres exactement: mais alors, au lieu de placer l'objet à observer sur la platine du microscope, où nous ne verrions rien, il nous faudra le disposer sur la table où repose le microscope entre les branches du pied, ou encore sur les branches elles-mêmes, en le plaçant sur une carte ou un papier fort.

Nous pourrons de la sorte faire une très bonne observation de notre objet, et en prendre un dessin d'une exactitude mathématique, ce qu'il serait impossible de faire autrement. Voulons-nous maintenant grossir une partie de notre objet à 20 diamètres, rien de plus simple, il nous suffira de remplacer l'oculaire nº 1 par celui nº 3 et nous aurons un grossissement de 20 diamètres.

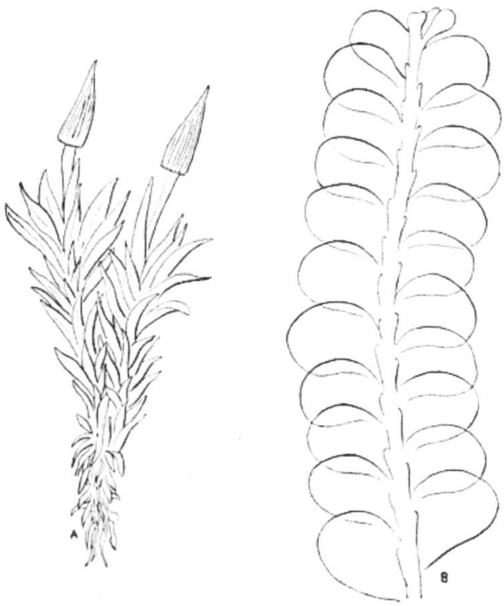

FIG. 6.

Dans ces deux cas, bien entendu, l'objet est éclairé par la lumière directe et non par transparence. Pour bien apercevoir l'objet à dessiner, il est nécessaire d'enlever le diaphragme, sans quoi on ne verrait qu'une très petite partie de l'objet à examiner.

Tout ce que nous venons de dire, peut s'appliquer non seulement aux Champignons, mais aussi aux mousses, lichens, algues et même aux phanérogames.

Un dessin est si facile à faire dans ces conditions que l'on n'hésitera pas à prendre un document cent fois préférable à une longue description. Voir figure 6 la représentation d'une mousse et d'une hépatique au grossissement de 10 diamètres.

CHAPITRE VIII

L'Esperanto et la Mycologie.

Les mycologues, à quelque titre que ce soit, ne peuvent se désintéresser de l'espéranto, cette langue annexe, si simple, si précise et si facile à apprendre. Elle n'est pas appelée à concurrencer aucune des langues existantes; elle a la prétention de laisser à chaque nation le génie de sa langue, et son seul but est de permettre à tous les hommes, de quelque nationalité qu'ils soient, de pouvoir se comprendre aussi bien par la parole que par l'écriture.

L'homme génial qui a réalisé une chose si longtemps cherchée est un Russe, le Dr Zamenof; et il l'a fait d'une façon si simple, si facile à comprendre, que quiconque veut se donner la peine de lire les règles très simples et peu nombreuses qu'il a établies comme base de sa langue, pourra dire comme César en modifiant quelque peu les trois mots historiques, *veni, vidi, scivi* (je suis venu, j'ai vu, j'ai su) que nous écrivons en espéranto *mi venis, mi vidis, mi konis.*

Les mycologues sont souvent appelés à se préoccuper des Champignons qui poussent dans des régions dont ils ne connaissent pas la langue: ils trouveront dans l'espéranto un moyen facile de correspondre avec des mycologues de cette région, soit pour leur demander des renseignements, soit pour répondre à leur demande. Il leur suffira pour cela de consulter l'annuaire des espérantistes, et sans nul doute ils trouveront dans la région qui les intéresse un correspondant qui se fera un plaisir de leur répondre en espéranto.

Quand nous aurons dit à nos lecteurs que pour apprendre toutes les règles de l'espéranto, et qui plus est pour les savoir, il faut moins de temps que pour lire un mauvais roman, nous voulons bien croire qu'il n'en est pas un qui ne voudra au moins essayer; et s'il essaie, c'est un adepte; il est séduit, il est pris dans l'engrenage. Il en fera plus ou moins, mais du moins, il saura toujours lire un texte espérantiste, une lettre; il possédera en un mot le mécanisme de cette langue, et si les circonstances se présentent, il complétera son bagage par la connaissance des mots.

Dans le but de servir les deux causes, nous avons résumé aussi succinctement que possible les notions essentielles et suffisantes de l'espéranto et nous les avons groupées en quelques articles faciles à s'assimiler.

Ainsi, par exemple, le premier paragraphe comprend tout ce qui a rapport à l'alphabet et à la prononciation.

Le second, les parties du discours: substantifs, adjectifs, pronoms, adverbes, etc.

Le troisième, le verbe et les préfixes.

Le quatrième, les suffixes.

Le cinquième, la numération.

Avez-vous besoin de renseignements sur les suffixes ou la numération; vous n'avez qu'à consulter les tableaux 4 ou 5, où vous trouverez tout ce qui a rapport à ces parties.

Combien de temps vous faut-il pour lire lentement et bien comprendre ces cinq tableaux? une heure au grand maximum! au bout de ce temps vous pouvez dire que vous connaissez l'espéranto.

I.—ALPHABET.—PRONONCIATION

L'alphabet est le même qu'en français: *a, b, c, d, e, f, g, h, i, j, k, l, m, n, o, p, r, s, t, u, v, z,* sauf *q, x, y,* qui n'existent pas en esperanto.

Les voyelles *a, e, i, o,* se prononcent comme en français. Ex.: *do, ré, mi, fa, sol.*

La voyelle *u* se prononce *ou.* Ex.: *unu* (un) se prononce *ounou.*

ŭ surmonté de ˘ et *j* sont considérés comme demi-voyelles, et font corps avec la voyelle qui précède ou qui suit. Ex.: *Laŭro* (laurier) se prononce *laouro* (rapidement); *kaj* (et) fait *caille; jes, ja,* font *ies, ia.*

Les consonnes se prononcent comme en français, sauf *c, g, h, j, s,* qui ont une prononciation différente suivant qu'elles sont surmontées ou non d'un accent circonflexe.

c, ordinaire, a le son de *ts.* Ex.: *celerio* (céleri) se prononce *tsélério.*

ĉ, accentué, a le son de *tch.* Ex.: *ĉemizo* (chemise) se prononce *tchémizo.*

g, ordinaire, a le son de *g* (dur comme gant). Ex.: *garnizono* (garnison) se prononce *garnisono.*

ĝ, accentué, a le son de *dj.* Ex.: *ĝirafo* (girafe) se prononce *djirafo.*

h, ordinaire, a le son de *h* (aspiré). Ex.: *homo* (homme) se prononce *hhomo.*

ĥ, accentué, a le son de *ch* (guttural allemand). Ex.: le noch allemand.

j, ordinaire, a le son de *y* (dans yeux). Ex.: *julio* (juillet) se prononce *ioulio.*

ĵ, accentué, a le son de *j* (dans jour). Ex.: *ĵurnalo* (journal) se prononce *journalo.*

s, ordinaire, a le son de (deux) *ss* (dans sifflant). Ex.: *silento* (silence) se prononce *ssilento.*

ŝ, accentué, a le son de *ch* (dans cheval). Ex.: *ŝinko* (jambon) se prononce *chinko.*

En esperanto toutes les lettres se prononcent. Ex.: *soifo* se prononce *so-i-fo.*

On accentue toujours plus fortement sur l'avant-dernière syllabe, c'est l'accent tonique. Ex.: P*a*tro (père); mil*i*to (militaire).

Toutes les propositions sont séparées par une ponctuation. Ex.: Tio, kiu mi diras, estas vera (ce que je dis est vrai).

II.—PARTIES DU DISCOURS

Substantifs.

Ils sont toujours terminés:

Au singulier par *o*. Ex.: Libr*o* (un livre); pan*o* (un pain).

Au pluriel par *oj*. Ex.: Libr*oj* (des livres); pan*oj* (des pains).

Adjectifs.

Ils sont toujours terminés:

Au singulier par *a*. Ex.: Bel*a* (beau, belle); grand*a* (grand, grande).

Au pluriel par *aj*. Ex.: Bel*aj* (beaux, belles); grand*aj* (grands, grandes).

Les adjectifs possessifs, *mia*, *via*, *lia*, *ŝia*, *ĝia*, *nia*, *ilia*, *sia*, suivent la même règle. Ex.: Mi*a* (mon, ma); ŝi*aj* (ses).

Article.

Il n'y a qu'un seul article défini qui est *la* pour tous les cas. Ex.: *La* patro (le père); *la* patrino (la mère); *la* patroj (les pères); *la* patrinoj (les mères).

Pronoms personnels.

Les pronoms personnels *je*, *tu*, *il*, *nous*, *vous*, *ils*, se rendent par: *mi* (je ou moi); *vi* (tu ou toi); *li*, *ŝi*, *ĝi* (il, elle, lui); *ni* (nous); *vi* (vous); *ili* (ils, elles, eux).

Les pronoms réfléchis *se*, *soi*, *son*, *à soi*, se rendent par: *si*.

Adverbes.

Les adverbes sont toujours terminés en *e*. Ex.: Patr*e* (paternellement); plen*e* (entièrement).

Prépositions, conjonctions, interjections.

Les prépositions, conjonctions, interjections sont toujours invariables, mais ont des terminaisons diverses; elles sont presque toujours monosyllabiques. Ex.: *Kie* (quoi?); *kiam* (quand?); *sur* (sur); *ankaŭ* (aussi); *jam* (déjà); *por* (pour); *de* (de); *sed* (mais).

Complément ou accusatif.

Le complément direct d'un verbe (substantif, adjectif, pronom) est toujours terminé par *n*. Ex.: La homo havas manoj*n*, kaj nazo*n* (l'homme a des mains et un nez).

La date s'indique par le nombre ordinal terminé par *n*. Ex.: La dek-dua*n* de decembro (le douze décembre).

Le lieu où l'on va est aussi terminé par *n*. Ex.: Mi iras Parizo*n* (je vais à Paris).

En général, on met l'accusatif lorsqu'il y a direction vers. Ex.: La rato kuris sub la lito*n* (le rat courut sous le lit).

On met aussi à l'accusatif ce qui indique la durée, la mesure, le prix. Ex.: Paŭlo restos ĉe ni du tagoj*n* (Paul restera deux jours chez nous); la flugo estas longa tri metroj*n* (le drapeau est long de trois mètres); ĝi kostas du frankoj*n* por unu metro (Il coûte deux francs le mètre).

Les mots *de* ou *par* marquant le complément d'un verbe passif se rendent, en esperanto, par *de*. Ex.: Mi estas amata, *de* mia patrino (je suis aimé de ma mère).

III.—VERBE

Infinitif toujours en *i*. Ex.: Am*i* (aimer); leg*i* (lire); pren*i* (prendre).

Indicatif présent toujours en *as*. Ex.: mi am*as* (j'aime); vi am*as*; li am*as*, etc.

Participe présent actif toujours en *anta*. Ex.: am*anta* (aimant); pren*anta* (prenant), etc.

Participe présent passif toujours en *ata*. Ex.: am*ata* (étant aimé ou aimé).

Passé défini ou imparfait toujours en *is*. Ex.: vi am*is* (tu as aimé ou tu aimais), etc.

Participe passé actif toujours en *inta*. Ex.: am*inta* (ayant aimé); pren*inta* (ayant pris).

Participe passé passif toujours en *ita*. Ex.: am*ita* (ayant été aimé ou aimé).

Futur toujours en *os*.: li ŝi ĝi am*os* (il ou elle aimera), etc.

Participe futur actif toujours en *onta.* Ex.: am*onta* (devant aimer); leg*onta* (devant lire).

Participe futur passif toujours en *ota.* Ex.: am*ota* (devant être aimé); leg*ota* (devant être lu).

Subjonctif toujours en *u.* Ex.: ni am*u* (que nous aimions), etc.

Impératif toujours en *u* (sans pronoms). Ex. am*u* (aime); pren*u* (prends), etc.

Conditionnel toujours en *us.* Ex.: ili am*us* (ils aimeraient), etc.

En esperanto les temps composés de l'actif sont rarement employés, on les forme avec le verbe auxiliaire *esti.* Ex.: Avoir aimé (autrement dit être ayant aimé), *esti* amanta; j'ai aimé (ou je suis ayant aimé), mi *estas* aminta; j'avais aimé (ou j'étais ayant aimé), mi *estis* aminta; j'aurai aimé (ou je serai ayant aimé), mi *estos* amanta.

Préfixes.

Les préfixes donnent au mot même auquel ils sont joints, un sens, une signification nouvelle.

Bo indique la parenté résultant d'un mariage. Ex.: *Bo*patro (beau-père); *bo*fratino (belle-sœur).

Dis indique la séparation, la disparition. Ex.: *Dis*igitaj (épars); *dis*fendi (fendre en deux).

Ek indique le commencement d'une chose, l'acte momentané. Ex.: *Ek*vidi (entrevoir); *ek*altiĝi (commencer à s'élever).

El signifie hors de, quelquefois aussi achèvement. Ex.: *El*iri (sortir); *el*ripari (réparer complètement).

Ge indique la réunion des sexes. Ex.: *Ge*patroj (père et mère, parents); *ge*edzoj (époux).

Mal indique le contraire. Ex.: *Mal*feliĉa (malheureux); *mal*granda (petit).

Re indique la répétition, le retour. Ex.: *Re*bonigi (raccommoder); *re*ataki (riposter).

IV.—SUFFIXES

Ad indique l'action, la durée dans l'action. Ex.: Kron*ad*o (couronnement); pen*adi* (se donner de la peine).

Aĵ indique une chose, une idée concrète. Ex.: Acid*aĵ*o (acide); lakt*aĵ*o (laitage); amik*aĵ*o (caresse).

An indique l'habitant, celui qui fait partie d'une chose. Ex.: Kampar*an*o (campagnard); ŝip*an*o (marin).

Ar indique une collection, une réunion. Ex.: Arb*ar*o (une forêt); kamp*ar*o (un camp).

Ebl indique la possibilité (comme en français). Ex.: Kred*ebl*a (croyable); fleks*ebl*a (flexible).

Ec indique l'idée abstraite, la qualité (comme en français). Ex.: Acid*ec*o (acidité); amik*ec*o (amitié).

Eg indique un augmentatif. Ex.: Ŝton*eg*o (rocher, grosse pierre); rid*eg*i (rire aux éclats).

Ej indique le lieu consacré à une chose. Ex.: Kuir*ej*o (cuisine); preĝ*ej*o (église).

Em indique le penchant, l'inclination. Ex.: Labor*em*a (laborieux); pur*em*a (aimant la propreté).

Er indique un fragment, une division. Ex.: Sabl*er*o (un grain de sable).

Estr indique le chef. Ex.: ŝip*estr*o (capitaine de navire).

Et indique un diminutif. Ex.: Knab*et*o (un garçonnet); rid*et*i (sourire).

Id indique le descendant, l'enfant. Ex.: Kok*id*o (poulet); ĉeval*id*o (poulain).

Ig signifie faire, rendre. Ex. Long*ig*i (allonger); far*ig*i (faire faire).

Iĝ signifie se faire, devenir. Ex.: Ric*iĝ*i (s'enrichir).

Il indique l'instrument, l'outil. Ex.: Kudr*il*o (l'aiguille).

In indique le féminin, la femelle. Ex.: Patr*in*o (mère); fraŭl*in*o (la jeune fille).

Ind signifie digne de, qui mérite. Ex.: Krid*ind*a (digne de foi); rid*ind*a (ridicule).

Ing indique l'objet dans lequel s'introduit quelque chose. Ex.: ŝraŭb*ing*o (écrou); glav*ing*o (fourreau de sabre).

Ist indique le métier, la profession. Ex.: Kuir*ist*o (cuisinier); kuir*ist*ino (cuisinière).

Uj indique le contenant, ce qui porte. Ex.: Sup*uj*o (soupière); pom*uj*o (pommier).

Ul indique un être caractérisé par le mot racine. Ex.: Jun*ul*o (jeune homme); scienc*ul*o (savant).

Um sens indéterminé, complète le sens du mot racine. Ex.: Kol*um*o (col de chemise); man*um*o (manchette).

V.—NUMÉRATION

1	11	21	31
unu	dek-unu	dudek-unu	tridek-unu
2	12	22	32
du	dek-du	dudek-du	tridek-du
3	13	23	33
tri	dek-tri	dudek-tri	tridek-tri
4	14	24	34
kvar	dek-kvar	dudek-kvar	tridek-kvar
5	15	25	35
kvin	dek-kvin	dudek-kvin	tridek-kvin
6	16	26	36
ses	dek-ses	dudek-ses	tridek-ses
7	17	27	37
sep	dek-sep	dudek-sep	tridek-sep
8	18	28	38
ok	dek-ok	dudek-ok	tridek-ok
9	19	29	39
naŭ	dek-naŭ	dudek-naŭ	tridek-naŭ
10	20	30	40

dek	dudek	tridek	kvardek
41	51	61	71
kvardek-unu	kvindek-unu	sesdek-unu	sepdek-unu
42	52	62	72
kvardek-du	kvindek-du	sesdek-du	sepdek-du
43	53	63	73
kvardek-tri	kvindek-tri	sesdek-tri	sepdek-tri
44	54	64	74
kvardek-kvar	kvindek-kvar	sesdek-kvar	sepdek-kvar
45	55	65	75
kvardek-kvin	kvindek-kvin	sesdek-kvin	sepdek-kvin
46	56	66	76
kvardek-ses	kvindek-ses	sesdek-ses	sepdek-ses
47	57	67	77
kvardek-sep	kvindek-sep	sesdek-sep	sepdek-sep
48	58	68	78
kvardek-ok	kvindek-ok	sesdek-ok	sepdek-ok
49	59	69	79
kvardek-naŭ	kvindek-naŭ	sesdek-naŭ	sepdek-naŭ
50	60	70	80
kvindek	sesdek	sepdek	okdek
81	86	91	96
okdek-unu	okdek-ses	naŭdek-unu	naŭdek-ses
82	87	92	97
okdek-du	okdek-sep	naŭdek-du	naŭdek-sep
83	88	93	98

okdek-tri	okdek-ok	naŭdek-tri	naŭdek-ok
84	89	94	99
okdek-kvar	okdek-naŭ	naŭdek-kvar	naŭdek-naŭ
85	90	95	100
okdek-kvin	naŭdek	naŭdek-kvin	cent

Le nombre ordinal se forme en ajoutant *a* au nombre cardinal. Ex.: Tridek*a* (trentième).

L'adverbe se forme en ajoutant *e* au cardinal. Ex.: Tridek*e* (trentièmement).

Les nombres fractionnaires se forment au moyen du suffixe *on*. Ex.: Un tiers se dit unu tri*on*o; dix douzièmes (10/12) se dit dek dekdu*on*oj.

Nous terminerons le chapitre relatif à l'espéranto par la traduction en cette langue du texte français de la Chanterelle comestible. Nous ajouterons que nous avons longuement profité de la connaissance approfondie que possède en cette matière M. C. Rousseau, de Levallois-Perret, espérantiste distingué et auteur du *Poliglota vade-mecum Internacia pharmaco*, publié par la librairie Hachette.

M. C. Rousseau, avec la plus grande bienveillance, a bien voulu revoir la partie ayant trait à l'espéranto et nous tenons à l'en remercier.

CHANTERELLE COMESTIBLE

Chapeau charnu, consistant, convexe, puis concave se creusant en entonnoir, à bords plus ou moins sinueux, ondulés, crépus et enroulés en dessous, glabre sec, assez souvent plus prolongé d'un côté que de l'autre, chamois, jaune orangé, jaune d'œuf, quelquefois jaune pâle, rarement blanc ou blanchâtre, diamètre 3 à 5 centimètres. Feuillets épais turgescents, bifurqués deux ou trois fois, très décurrents, de la couleur du chapeau. Pied plein épais supérieurement, atténué de haut en bas, souvent courbé à la base. Chair blanche compacte, odeur agréable. Saveur douce très légèrement piquante ou poivrée.

Habitat.—Dans les bois où il forme des groupes plus ou moins étendus. Eté, automne.

Connue sous les noms vulgaires de chevrille, chevrotte, etc., cette espèce constitue, bien que sa chair soit un peu coriace, une excellente plante que l'on devrait chercher à conserver, soit comme aliment, soit comme condiment. On fait, en effet, un très fréquent usage de ce champignon.

«CANTHARELLUS» MANĜEBLA

Ĉapelo pulpa, firma, unue konveksa, poste iĝanta konkava kaj funelforma, kun randoj pli-malpli malrektaj, ondformaj, krispaj, kaj suben volvataj; senharo seka, oftete plietendiĝanta unuflanken; koloro ĉambruna, flavoranĝa, ovflava, iafoje palflava, malofte blanka aŭ dubeblanka; diametro tri oŭ kvar centimetrojn.

Lamenoj dikaj, intumeskaj, du-trifoje forkiĝantaj, tre deklivaj apud la piedon, samkoloraj kiel la ĉapelo. Piedo plena, dika supre, pli maldikiĝanta malsupren, ofte kurba ĉe la bazo, karno blanka, densa; agrabla odoro, gusto dolĉa, iomete pikanta aŭ pipra.

Kreskejo: en la arbaroj, kie ĝi grupiĝas laŭ aroj pli-malpli vastaj, dum la somero kaj aŭtuno.

Vulgare nommata «Chevrille», «Chevrotte» k. t. p. Tiu speco estas, kvankam ĝia karno estas iom malmola, bonega kreskaĵo konservinda kiel manĝaĵo aŭ spicaĵo: efektive tiu fungo estas tre uzata.

NOTE

1 Je parle de plaques au gélatino-bromure. Je ne m'occupe ici que des procédés au gélatino-bromure.